東京大学工学教程

基礎系 化学

無機化学I 無機化学の基礎

東京大学工学教程編纂委員会 編

上野耕平
太田実雄
宮山 勝　著
小倉 賢
立間 徹
鈴木真也

Inorganic Chemistry I
Fundamentals of Inorganic Chemistry
SCHOOL OF ENGINEERING
THE UNIVERSITY OF TOKYO

丸善出版

東京大学工学教程

編纂にあたって

　東京大学工学部，および東京大学大学院工学系研究科において教育する工学はいかにあるべきか．1886年に開学した本学工学部・工学系研究科が125年を経て，改めて自問し自答すべき問いである．西洋文明の導入に端を発し，諸外国の先端技術追奪の一世紀を経て，世界の工学研究教育機関の頂点の一つに立った今，伝統を踏まえて，あらためて確固たる基礎を築くことこそ，創造を支える教育の使命であろう．国内のみならず世界から集う最優秀な学生に対して教授すべき工学，すなわち，学生が本学で学ぶべき工学を開示することは，本学工学部・工学系研究科の責務であるとともに，社会と時代の要請でもある．追奪から頂点への歴史的な転機を迎え，本学工学部・工学系研究科が執る教育を聖域として閉ざすことなく，工学の知の殿堂として世界に問う教程がこの「東京大学工学教程」である．したがって照準は本学工学部・工学系研究科の学生に定めている．本工学教程は，本学の学生が学ぶべき知を示すとともに，本学の教員が学生に教授すべき知を示す教程である．

2012年2月

2010-2011年度
東京大学工学部長・大学院工学系研究科長　北　森　武　彦

東京大学工学教程

刊 行 の 趣 旨

　現代の工学は，基礎基盤工学の学問領域と，特定のシステムや対象を取り扱う総合工学という学問領域から構成される．学際領域や複合領域は，学問の領域が伝統的な一つの基礎基盤ディシプリンに収まらずに複数の学問領域が融合したり，複合してできる新たな学問領域であり，一度確立した学際領域や複合領域は自立して総合工学として発展していく場合もある．さらに，学際化や複合化はいまや基礎基盤工学の中でも先端研究においてますます進んでいる．

　このような状況は，工学におけるさまざまな課題も生み出している．総合工学における研究対象は次第に大きくなり，経済，医学や社会とも連携して巨大複雑系社会システムまで発展し，その結果，内包する学問領域が大きくなり研究分野として自己完結する傾向から，基礎基盤工学との連携が疎かになる傾向がある．基礎基盤工学においては，限られた時間の中で，伝統的なディシプリンに立脚した確固たる工学教育と，急速に学際化と複合化を続ける先端工学研究をいかにしてつないでいくかという課題は，世界のトップ工学校に共通した教育課題といえる．また，研究最前線における現代的な研究方法論を学ばせる教育も，確固とした工学知の前提がなければ成立しない．工学の高等教育における二面性ともいえ，いずれを欠いても工学の高等教育は成立しない．

　一方，大学の国際化は当たり前のように進んでいる．東京大学においても工学の分野では大学院学生の四分の一は留学生であり，今後は学部学生の留学生比率もますます高まるであろうし，若年層人口が減少する中，わが国が確保すべき高度科学技術人材を海外に求めることもいよいよ本格化するであろう．工学の教育現場における国際化が急速に進むことは明らかである．そのような中，本学が教授すべき工学知を確固たる教程として示すことは国内に限らず，広く世界にも向けられるべきである．

　現代の工学を取り巻く状況を踏まえ，東京大学工学部・工学系研究科は，工学の基礎基盤を整え，科学技術先進国のトップの工学部・工学系研究科として学生が学び，かつ教員が教授するための指標を確固たるものとすることを目的として，時代に左右されない工学基礎知識を体系的に本工学教程としてとりまとめた．本工学教程は，東京大学工学部・工学系研究科のディシプリンの提示と教授指針の
明示化であり，基礎(2年生後半から3年生を対象)，専門基礎(4年生から大学院修士課程を対象)，専門(大学院修士課程を対象)から構成される．したがって，工学教程は，博士課程教育の基盤形成に必要な工学知の徹底教育の指針でもある．工学教程の効用として次のことを期待している．

- 工学教程の全巻構成を示すことによって，各自の分野で身につけておくべき学問が何であり，次にどのような内容を学ぶことになるのか，基礎科目と自身の分野との間で学んでおくべき内容は何かなど，学ぶべき全体像を見通せるようになる．
- 東京大学工学部・工学系研究科のスタンダードとして何を教えるか，学生は何を知っておくべきかを示し，教育の根幹を作り上げる．
- 専門が進んでいくと改めて，新しい基礎科目の勉強が必要になることがある．そのときに立ち戻ることができる教科書になる．
- 基礎科目においても，工学部的な視点による解説を盛り込むことにより，常に工学への展開を意識した基礎科目の学習が可能となる．

東京大学工学教程編纂委員会　　委員長　加　藤　泰　浩
　　　　　　　　　　　　　　　幹　事　吉　村　　　忍
　　　　　　　　　　　　　　　　　　　求　　幸　年

刊行にあたって

　化学は，世界を構成する「物質」の成り立ちの原理とその性質を理解することを目指す．そして，その理解を社会に役立つ形で活用することを目指す物質の工学でもある．そのため，物質を扱うあらゆる工学の基礎をなす．たとえば，機械工学，材料工学，原子力工学，バイオエンジニアリングなどは化学を基礎とする部分も多い．本教程は，化学分野を専攻する学生だけではなく，そのような工学を学ぶ学生も念頭に入れ編纂した．

　化学の工学教程は全20巻からなり，その相互関連は次ページの図に示すとおりである．この図における「基礎」，「専門基礎」，「専門」の分類は，化学に近い分野を専攻する学生を対象とした目安であるが，その他の工学分野を専攻する学生は，この相関図を参考に適宜選択し，学習を進めてほしい．「基礎」はほぼ教養学部から3年程度の内容ですべての学生が学ぶべき基礎的事項であり，「専門基礎」は，4年から大学院で学科・専攻ごとの専門科目を理解するために必要とされる内容である．「専門」は，さらに進んだ大学院レベルの高度な内容となっている．

＊　　＊　　＊

　本書は無機化学の基本である原子，分子，化合物の構造と基礎的性質を説明し，その後に習得する金属錯体化学（無機化学Ⅱ）や無機材料の構造・物性（無機化学Ⅲ）へつながる基礎を築くことを目的としている．前半では，原子，分子，結晶の構造とその構造となる要因を説明し，物質や材料の成り立ちの根幹を学ぶ．後半では，さまざまな化学反応を理解するうえで重要な酸・塩基，酸化・還元を学ぶ．最後にさまざまな化合物の構造と性質の特徴を述べる．物質や構造・物性が非常に多様であるため，全体として，重要な基本原理を理解できる内容としている．個別のより進んだ事項を学ぶ際にも，本書で解説している基本事項を確認しつつ進めていくことを推奨する．

東京大学工学教程編纂委員会
化学編集委員会

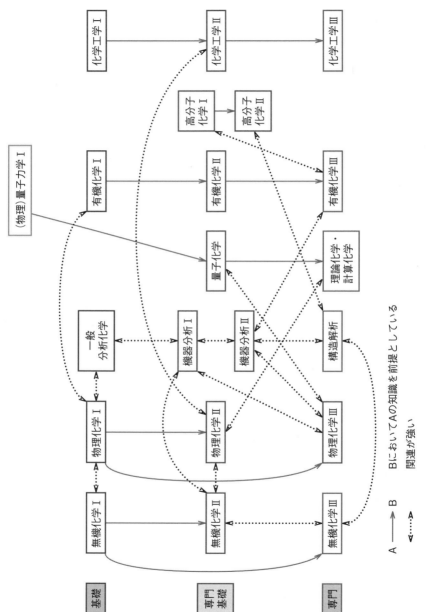

工学教程（化学分野）相互相関図

目　　次

は じ め に

　無機化学は周期表のすべての元素を扱う．それらには，金属と非金属，反応の
活性に関連する電子の授受が起こりやすいものから非常に安定なものまで含んで
いる．また，環境条件により固体・液体・気体のいずれにもなり得る．さらに，
同一の元素からなる単体もあるが，実在するほとんどの物質は2種以上の元素か
らなる化合物である．このように大変多様で変化に富む構造と性質を対象にして
いる．

　本書はこのような幅広い内容をもつ無機化学のうち，とくに重要な基礎的事項
を説明する．これらを習得し，その後に続く金属錯体化学（無機化学Ⅱ）や無機材
料の構造・物性（無機化学Ⅲ）へつながる基礎を築くことを目的としている．

　本書の構成は以下のとおりである．1章では原子の構造を量子論に基づいて述
べ，周期性をもつそれらの性質を解説する．2章では原子の結合と，主に共有結
合からなる分子構造を説明する．構造が決定されるさまざまな理論やモデルにつ
いても解説する．3章では主にイオン結合からなる固体物質の構造と，さまざま
な原子・イオンの配列が定まる要因を説明する．これらは物質や材料の成り立ち
に関する根幹を説明するものであり，無機化学の分野に限らず化学全般の基礎と
いえる．4章では酸・塩基の定義とそれらの基本反応，5章では電子の移動によ
る酸化・還元，電気化学の基礎を解説する．これらはさまざまな化学反応を理解
するうえで前提となる基本事項である．また，6章ではさまざまな化合物につい
て，構造と性質の特徴を概説する．対象は非常に広いが，本書ではエッセンスに
とどめて構造と性質の相関を理解することを目指している．

　無機化学は，基礎科学としての重要性をもつだけでなく，現在の科学技術の発
展に大きく貢献している．情報・通信，エネルギー，自動車を含むモビリ
ティー，環境保全，安全・安心など多様な分野で，無機化合物からなる材料・デ
バイスが用いられている．今後もさらに発展が続くことは間違いない．科学技術
の発展を支える無機化学の重要性を知るとともに，複雑な中にも秩序と合理性が
あることを理解し，その面白さを学んでほしい．個別のより進んだ事項を学ぶ際
にも，本書で解説している基本事項を確認しつつ進めていくことを推奨する．

1 元素と周期律

本章では化学反応の最小単位といえる原子の生い立ちと構造について扱う．原子の性質を特徴づけるものは電子構造であり，最も単純な例として水素原子を解析的に取り扱った後，多電子原子の電子配置へと展開する．また結晶や分子の構造を直感的に理解するうえで有用な原子の大きさや電気陰性度といった概念を説明する．

1.1 元素の起源

素粒子物理学の進展により，現在ではクォークやレプトンといった素粒子が物質を構成する最小の単位であると考えられているが，無機化学においては，もう少しサイズの大きい原子がどのように反応して多様な物質群を形成するかが主なテーマとなる．本節では無機化学を理解する準備として，化学反応の最小部品ともいえる原子がどのように生まれたかを簡単に説明する．

現代の宇宙論では，「ビッグバン」とよばれる宇宙誕生直後，宇宙はきわめて高温であったと考えられているが，宇宙の膨張とともに冷却され，陽子と中性子が安定に存在するようになると，元素合成が始まった．元素合成初期においては陽子と中性子から重水素が合成され，これらの二体反応により安定な ^4He が合成される．このようなビックバン元素合成はわずか数分の間に急速に進行し，数時間後には物質のほとんどが H 原子と He 原子の形になっていたと考えられている．現在の宇宙においても H と He が最も豊富な元素であり，それらの存在比は理論上の値と一致している．

宇宙の膨張と冷却がさらに進むと，H や He などの軽元素は引力によって集まり，恒星内の核融合反応によってしだいに重い元素となる．このような恒星内の元素合成は何億年という時間をかけて行われる．軽元素の核融合反応においては膨大な量のエネルギーが放出される．われわれ地球上の生物が活動の源としている太陽のエネルギーも太陽の中で行われる核融合反応が起源であることがよく知られている．太陽のような比較的軽い恒星の内部における核融合反応では He な

どの元素しかできないが，比較的重い恒星の内部においては Fe が最終反応物として溜まっていく．これらの元素は核燃焼とよばれる核融合反応の生成物である．Fe より重い元素を生成する核融合反応は吸熱反応で，通常，恒星の内部では起きず超新星爆発時に生成されると考えられており，宇宙における濃度は低い．

このような元素合成の過程で起こる核融合や核分裂反応は核反応式によって記述する．核反応に寄与する粒子を**核種**とよび，原子番号 Z，質量数 A，元素記号 E を用いて $^A_Z E$ と表される．

たとえば，恒星内で起こるヘリウム燃焼は次のような核反応式で表される．

$$^4_2He + {}^4_2He \longrightarrow {}^8_4Be$$
$$^8_4Be + {}^4_2He \longrightarrow {}^{12}_6C$$

これは三つの He 原子核（α 粒子）から ^8Be を介して，安定な炭素 ^{12}C が合成される反応であり，トリプルアルファ反応とよばれる．

重い元素では，原子核間の Coulomb（クーロン）斥力が強いため自発的に核融合は起きない．したがって，Fe よりも重い元素はさまざまな過程を伴う吸熱反応によって生成される．その一例として，電荷をもたない自由中性子（^1_0n）の捕獲反応とそれに伴い形成した不安定核の β 崩壊がある．

自由中性子は，星の進化の過程でヘリウム燃焼以降に，

$$^{23}_{10}Ne + {}^4_2\alpha \longrightarrow {}^{26}_{12}Mg + {}^1_0n$$

のような反応によって生じる．超新星爆発などの中性子が多量に存在する環境下では，核が中性子を急速に捕獲し，あるところで不安定核は β 崩壊を起こす．中性子捕獲では，核に中性子が吸収され質量数が 1 だけ増加した後，γ 線（γ）を放出する．β 崩壊では，中性子が β 粒子（電子：e^-）とニュートリノ（ν_e）を放出し陽子になるため，質量数は変わらないが原子番号は 1 だけ増え，新しい重元素が生成することになる．

中性子捕獲　　　　　　　　　　$^{98}_{42}Mo + {}^1_0n \longrightarrow {}^{99}_{42}Mo + \gamma$

ニュートリノ放出を伴う β 崩壊　　$^{99}_{42}Mo \longrightarrow {}^{99}_{43}Tc + e^- + \nu_e$

このような過程で生成する核は娘核種とよばれ，さらに中性子を捕獲して同じような過程を繰り返すことで，さらに重い元素が生成していく．

宇宙での Fe と Ni の存在比が高いことは，これらの核が全元素中で最も安定な核であることに起因している．原子核の安定性は，核を構成する陽子と中性子がばらばらで存在しているときのエネルギーと，核を形成したときのエネルギーとの差と考えられ，これを**核結合エネルギー**とよぶ．

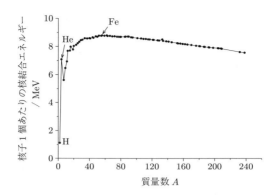

図 1.1　核子1個あたりの核結合エネルギー E_{bind}/A と質量数 A との関係

　一つの原子核の質量 $m_{原子核}$ は，それを構成する陽子と中性子の質量の総和（$m_{構成核子}$）よりもごくわずかに小さい．これは Einstein（アインシュタイン）の相対性理論によると，エネルギー E と質量 m は $E = mc^2$（c は真空中の光速）の関係にあることから，原子核と構成核子の質量の総和との差 $\Delta m = m_{構成核子} - m_{原子核}$ が核結合エネルギー E_{bind} に相当する．

$$E_{bind} = (\Delta m)c^2 \tag{1.1}$$

　現在では質量分析手法の進展により，原子核の質量は精密に測定が可能である．図 1.1 には実験的な原子核の質量数と核子1個あたりの核結合エネルギーを示す．核結合エネルギーは質量数 60 付近で極大値をとり，Fe および Ni の原子核が安定であることを示す．

1.2　原 子 構 造

　原子は，正電荷をもつ原子核と負電荷をもつ電子から構成される．化学で取り扱う現象は原子や分子の電子が主役を担うため，それらの電子構造を学ぶことは意義深い．原子の電子構造を学ぶうえで，まずは電子を1個しかもたない水素型原子を考える．これには H 原子や He^+ のようなイオンが含まれる．この場合には電子間の相互作用がないため，解析的なアプローチが可能である．次にこの延長として，2個以上の電子をもつ多電子原子の電子構造の取扱いを考察する．

1.2.1 原 子 の 構 造

a. 水素型原子のエネルギー準位

　原子中の個々の電子の波動関数を**原子軌道**とよぶ．水素型原子について Schrödinger(シュレディンガー)方程式を解いて得られる波動関数は，**主量子数** n，**軌道角運動量量子数**(方位量子数ともよばれる) l，**磁気量子数** m_l の三つの量子数によって決まる．

　水素型原子では，電子のエネルギーは主量子数 n だけで決まり，次式で与えられる．

$$E = -\frac{hcZ^2R_\infty}{n^2} \qquad (n=1, 2, \cdots) \tag{1.2}$$

　ここで，h および c は Planck(プランク)定数および真空中の光速である．Z は原子番号であり，原子核の価数に対応する．たとえば，H 原子では $Z=1$，He^+ のようなイオンの場合には $Z=2$ となる．R_∞ は **Rydberg**(リュードベリ)**定数**とよばれ，歴史的には原子の発光および吸収分光スペクトルの説明に用いられてきた物理定数である．

$$R_\infty = \frac{m_e e^4}{8h^3c\varepsilon_0^2} = 13.6 \text{ eV} \tag{1.3}$$

　ここで，m_e, e, ε_0 はそれぞれ電子の質量，電気素量，真空の誘電率である．

　電子のエネルギーは原子核と電子が無限に離れている状態，すなわちイオン化した原子のエネルギーを 0 としている．有限の n に対して電子のエネルギーは負の値をとり，これは電子が原子核に束縛されているほうがエネルギー的に安定であることを示している．

　主量子数 n は軌道の大きさとエネルギーを決めており，水素型原子では主量子数 n の値が同じ原子軌道はすべて同じエネルギーをもつ．このように複数の原子軌道が同じエネルギーであるとき，これらの軌道は縮退しているという．同じ主量子数 n をもつ軌道をまとめて**電子殻**といい，$n=1$, 2, 3 … に対して K 殻，L 殻，M 殻…とよばれる．

　軌道角運動量量子数 l は，電子の軌道角運動量の大きさ $\{l(l+1)\}\hbar$ を決めるとともに，軌道の形に対応している(ただし，$\hbar$ は Planck 定数を用いて $\hbar=h/2\pi$ である)．それぞれの電子殻に属する軌道で l の同じものをまとめて**副殻**とよぶ．主量子数 n に対して，$l=0$, 1, 2 …，$n-1$ の値をとり，これは s 軌道，p 軌道，

d 軌道, f 軌道, g 軌道に対応している. このような考え方をもとに, 化学では原子軌道を n と l を用いて, 1s, 2s, 2p, 3s, 3p, 3d, 4s…, nl 軌道とよぶ.

　量子数 l の副殻は, $2l+1$ 個の軌道から成り立っており, これらの軌道を区別するのが磁気量子数 m_l である. 磁気量子数 m_l は原子核を通る任意の軸方向(一般的には z 軸)の軌道角運動量成分を決める量子数であり, その大きさは $m_l h$ である. 磁気量子数 m_l は軌道面の向きと回転方向に対応している. 量子数 l に対して, $m_l=l,\ l-1,\ l-2\cdots -l$ の $2l+1$ 個の値をとる. たとえば d 副殻($l=2$)は, $m_l=+2,\ +1,\ 0,\ -1,\ -2$ の5個の軌道から成り立っている.

　これら三つの量子数は水素型原子中の電子の空間的分布を決定するものであったが, 電子の量子状態を完全に記述するためには電子自身のスピン角運動量を決定する量子数が必要である. 電子のスピンは二つの量子数 s および m_s で記述される. Fermi(フェルミ)粒子である電子では, s は常に 1/2 の値をとり, 電子スピン角運動量の大きさは $(s(s+1))^{1/2}\hbar$ となる. 一方, スピン磁気量子数 m_s は, $m_s=s,\ s-1,\ s-2\cdots,\ -s$ で与えられるが, 電子では $s=1/2$ のため, m_s は $m_s=+1/2$ または $-1/2$ の値しかとらない. この二つの状態は, $m_s=+1/2$ をアップスピン, $m_s=-1/2$ をダウンスピンとよぶ.

　以上のように水素型原子中の1個の電子の量子状態を定めるには $n,\ l,\ m_l$ および m_s の4個の量子数が必要である.

b.　水素型原子軌道の形

　水素型原子の原子軌道は, 原子核の Coulomb ポテンシャルが球対称であることから, 極座標 (r, θ, ϕ) を用いて, 次のように表す.

$$\Psi_{nlm_l}=R_{nl}(r)Y_{lm_l}(\theta, \phi) \tag{1.4}$$

ここで, $R_{nl}(r)$ を**動径波動関数**, $Y_{lm_l}(\theta, \phi)$ を**角度波動関数**とよび, これらの解析的表現を表 1.1 にまとめる.

　動径波動関数 $R_{nl}(r)$ は量子数 n と l とに依存し, 一般に次のような形をしている.

$$R_{nl}(r)=(r の多項式)\times(r の指数減衰関数)$$

　また, $R_{nl}(r)$ 中の a_0 は **Bohr**(ボーア)**半径**であり, およそ 53 pm という値である. 代表的な波動関数が核からの距離 r に対してどのように変化するかを図 1.2 に示す. 波動関数の振幅は, s 軌道では核のところ($r=0$)で 0 ではない値をもつのに対して(図(a)), 他の軌道($l>0$)ではすべて 0 になる(図(b)).

表 1.1　水素型原子軌道の解析的表現

動径波動関数 $R_{nl}(r)=f(r)\left(\dfrac{Z}{a_0}\right)^{3/2}e^{-\rho/2}$ ここで，a_0 は Bohr（ボーア）半径，$\rho=2Zr/na_0$			角度波動関数 $Y_{lm_l}(\theta,\phi)=\left(\dfrac{1}{4\pi}\right)^{1/2}y(\theta,\phi)$		
n	l	$f(r)$	l	m_l	$y(\theta,\phi)$
1	0	2	0	0	1
2	0	$(1/2\sqrt{2})(2-\rho)$	1	0	$3^{1/2}\cos\theta$
2	1	$(1/2\sqrt{6})\rho$	1	±1	$\mp(3/2)^{1/2}(\sin\theta)e^{\pm i\phi}$
3	0	$(1/9\sqrt{3})(6-6\rho+\rho^2)$	2	0	$(5/4)^{1/2}(3\cos^2\theta-1)$
3	1	$(1/9\sqrt{6})(4-\rho)\rho$	2	±1	$\mp(15/2)^{1/2}(\cos\theta)(\sin\theta)e^{\pm i\phi}$
3	2	$(1/9\sqrt{30})\rho^2$	2	±2	$(15/8)^{1/2}(\sin^2\theta)e^{\pm 2i\phi}$

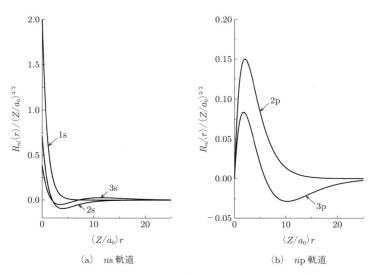

(a)　ns 軌道　　　　　　　(b)　np 軌道

図 1.2　水素型原子の(a)ns 軌道，(b)np 軌道の動径波動関数

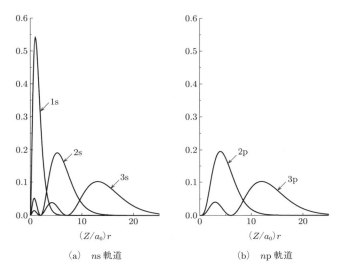

(a) ns 軌道 (b) np 軌道

図 1.3 水素型原子の(a)ns 軌道, (b)np 軌道の動径分布関数

次に波動関数から $|\Psi|^2$ の値を計算することで, 核からある距離にある電子を見出す確率がわかる. 半径 r で厚さ dr の球殻中に電子を見出す確率は, $|\Psi|^2 \times 4\pi r^2 dr$ であり, 球対称の波動関数では確率密度関数 $P(r)$ との関係は次のようになる.

$$P(r) = |\Psi|^2 \times 4\pi r^2 \tag{1.5}$$

他の対称性をもつ波動関数では, より一般的な式として次のようになる.

$$P(r) = r^2 R(r)^2 \tag{1.6}$$

ここで, $R(r)$ は各波動関数の動径波動関数であり, $P(r)$ を動径分布関数とよぶ. 図 1.3 には ns および np 軌道の動径分布関数を示す.

1s 軌道について具体的に考えてみると, 波動関数は核からの距離とともに指数関数的に減衰するのに対して, r^2 は増加するため, 1s 軌道の動径分布関数は極大値をもつ. この極大値をとる位置 r_{max} は, 原子番号 Z の水素型原子では, $r_{max} = a_0/Z$ になる. したがって, 1s 電子の存在確率が極大値をとる距離は原子番号が大きくなると減少することがわかる.

次に原子軌道の角度分布を考える. 原子軌道の形は角度波動関数 $Y_{lm_l}(\theta, \phi)$ が

決める．s軌道（$l=0$）の振幅は，核からの距離が一定の点では角度（θ, ϕ）に依存しない値（$Y_{lm_l}(\theta, \phi) = \text{const.}$）であることから，s軌道は球対称である．一般に原子軌道の形は境界面を用いて表す．境界面とは，その内側で電子の存在確率を高確率（通常75%）で見出す領域を示している．

　$l > 0$ の軌道では，波動関数の振幅は角度（θ, ϕ）によって変わる．p軌道の形を示すときには，一般には（x, y, z）直交座標軸のそれぞれに平行な同じ形をした3組の境界面で表され，それぞれ p_x, p_y, p_z 軌道とよぶ．これらは m_l で区別された軌道，p_0, p_{+1}, p_{-1} の線形結合で次のように表される．

$$p_x = \frac{p_{-1} - p_{+1}}{\sqrt{2}}, \qquad p_y = \frac{p_{-1} + p_{+1}}{\sqrt{2}}, \qquad p_z = p_0 \qquad (1.7)$$

　図1.4における波動関数の濃淡は振幅の正負に対応しており，正の振幅は淡い灰色，負の振幅は濃い灰色で示す．各p軌道には節面があり，たとえば p_z 軌道では，xy 面上では波動関数の値は0となる．d軌道の境界面を図1.5に示す．一

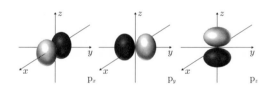

図 1.4　p軌道の境界面
　　　　淡色は正の振幅，濃色は負の振幅を表す．

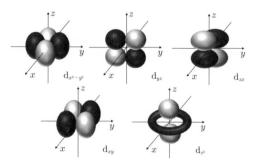

図 1.5　d軌道の境界面
　　　　淡色は正の振幅，濃色は負の振幅を表す．

般に量子数 l の軌道には，l 個の節面がある．節面は核を通り，波動関数の正負の分かれ目になっている．

1.2.2 電 子 配 置

　多電子原子の電子配置を取り扱う場合には，各電子が水素型原子の原子軌道と同様の軌道を占めると近似する．水素型原子の場合には，主量子数の同じ軌道はエネルギー的に縮退していたが，多電子原子では各副殻の縮退が解ける．これは各軌道の有効核電荷が遮蔽と貫入効果によって異なるためである．そこで本項では，まず多電子原子のエネルギー準位について考える．

　多電子原子では，ある電子は他の電子との Coulomb 反発を受けるため，原子核との実効的な Coulomb 引力は減少するようにみえる．これを電子は遮蔽された核電荷を感じていると考え，**有効核電荷 Z_{eff}** とよび，真の核電荷 Z との差を遮蔽定数 σ とよぶ．さらに，外殻電子のうち内殻よりも内側に軌道が偏在する電子は，内核の電子よりも強い引力を受け軌道が安定する．これを**貫入効果**とよぶ．たとえば 2p 軌道の動径分布のピークは 2s 軌道のピークよりも内側にある

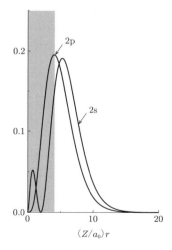

図 1.6　2s および 2p 軌道の動径分布関数
　　　　　斜線部は 1s 軌道が存在する位置に対応する．

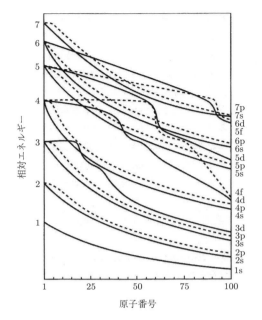

図 1.7 多電子原子軌道の相対エネルギー準位
縦軸の数字は主量子数を示している.
F.A. Cotton, G. Wilkinson, P.L. Gaus, *Basic Inorganic Chemistry*,
2nd edition, John Wiley and Sons, **1987**, p. 46.

が，2s 軌道はさらに 1s 軌道の内側にも小さなピークがある（貫入している）ため
安定する（図 1.6）．一般的には，軌道角運動量量子数 l が小さいほど電子の貫入
効果は大きく，多電子原子のエネルギー準位は一般的には ns $< n$p $< n$d $< n$f の
順になる.

図 1.7 に，多電子原子軌道の相対エネルギー準位をまとめたものを表す．横軸
は原子番号で，縦軸は相対エネルギーを示す．この図を注意深く見ると，いくつ
かの例外があることがわかる．たとえば，4s 軌道の貫入効果は K および Ca で
はきわめて大きく，これらの原子では 4s 軌道のエネルギーは 3d 軌道よりも低く
なる．同様のことは，5s 軌道と 4d 軌道でも起こる．このように電子間反発の効
果が加わったときの各軌道のエネルギー準位の順番は次のようになる.

$$1s < 2s < 2p < 3s < 3p < 4s \leqq 3d < 4p < 5s \leqq 4d < 5p < 6s \leqq 5d \leqq 4f < 6p\cdots$$

　多電子原子の基底状態の電子配置を決めるためには，原子軌道の貫入および遮蔽効果をもとに順番を決めた各軌道について，**Pauli**(パウリ)**の排他原理**を考慮し，2個ずつの電子を入れていけばよい．すなわち，p 副殻の三つの軌道には 6 個，d 副殻の五つの軌道には 10 個の電子が入る．

　次に，p 副殻や d 副殻のように縮退した軌道が複数ある場合の電子が占有する順番を説明するためには，**Hund**(フント)**の規則**が用いられる．これは，Hund が 1925 年に原子スペクトルの解釈から見出した経験則であり，原子の基底状態の電子配置を決めるうえでは次のように説明される．

　Hund の規則：同じエネルギーの軌道が二つ以上あるときは，電子は別々の軌道に入り，このときスピンが平行になるように占有する．

　これをもとに，原子番号 6 の C の電子配置は，$1s^2 2s^2 2p_x^1 2p_y^1$ であることがわかる．これは平行なスピンをもった電子が異なる p 軌道をそれぞれ占めていることを示す．通常は，これを簡略して $1s^2 2s^2 2p^2$ と表し，閉殻である $1s^2$ が He の電子配置であることから，$[He]2s^2 2p^2$ とも表す．

　以上をもとに，残りの第 2 周期の原子の電子配置は同様に次のように決まる．

N	O	F	Ne
$[He]2s^2 2p^3$	$[He]2s^2 2p^4$	$[He]2s^2 2p^5$	$[He]2s^2 2p^6$

　原子番号 10 の Ne では，L 殻の原子軌道はすべて電子が占有して閉殻構造をとっており，この電子配置を[He]の場合と同様に[Ne]と表す．これ以降，原子番号 18 の Ar までは，同様に電子配置を決められる．Ar の電子配置は $[Ne]3s^2 3p^6$ であり，これを[Ar]と表す．[Ne]の場合とは異なり，[Ar]は厳密には閉殻構造ではないが，3d 軌道のエネルギーは 3p 軌道から十分に離れているため，実際には閉殻として取り扱ってもかまわない．K および Ca では，4s 軌道は貫入効果により 3d 軌道よりも安定化するため，これらの電子配置はそれぞれ$[Ar]4s^1$ および$[Ar]4s^2$ と書ける．

　次に，原子番号 30 までの 3d 軌道に電子が入る遷移金属元素について考える．基本的には p 軌道と同様に Hund の規則により 3d 軌道に電子を入れればよく，電子配置は$[Ar]4s^2 3d^n$ の形に書ける．たとえば Sc の電子配置は，$[Ar]4s^2 3d^1$ である．注意すべき点は，4s 軌道を埋めるよりも d 軌道が半分または完全に埋

まった状態がエネルギー的に安定になる場合があることである．この効果により Cr の電子配置は，[Ar]$4s^2 3d^4$ ではなく，4s 軌道の電子を 3d 軌道に電子を一つ移した [Ar]$4s^1 3d^5$ が基底状態となる．このとき，d 軌道が半分埋まった状態を半閉殻構造とよぶ．また Cu の電子配置も同様に，[Ar]$4s^1 3d^{10}$ となる．この効果は第 5 周期以降ではさらに顕著になり，Nb および Mo の電子配置はそれぞれ [Kr]$5s^1 4d^4$，[Kr]$5s^1 4d^5$ となる．また Pd の電子配置は [Kr]$5s^2 4d^8$ ではなく，[Kr]$4d^{10}$ となり，半閉殻および閉殻構造が非常に安定であることを示している．

1.3　周　期　律

　周期表の構成は，原子の電子構造に現れる電子配置の周期的な変化を反映している．周期表の横の行を周期，縦の列を族とよぶ．縦の列は，歴史的にはギリシャ数字を用いて I〜VIII 族とそれに付随する A，B の亜族に振り分けられていた．1988 年の IUPAC による勧告で，周期表の左から順に 1 族から 18 族とよぶことが推奨された[*1]．周期表は 4 個のブロックに分けられ，電子が入っていく副殻の種類を示している（図 1.8）．s ブロックおよび p ブロックの元素を**主要族元素**とよび，12 族を除く d ブロックおよび f ブロックの元素を**遷移元素**とよぶ．f

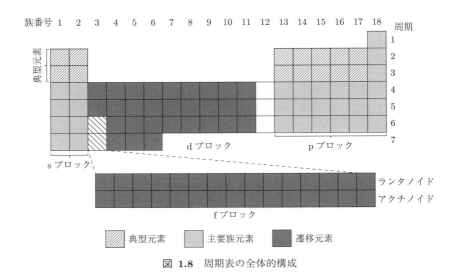

図 **1.8**　周期表の全体的構成

ブロックの元素は，原子番号 57 から 71 までを**ランタノイド**，原子番号 89 から 103 を**アクチノイド**とよぶ[*2]．18 族元素を除く主要族元素の第 2，第 3 周期の元素を典型元素とよぶ[*3]．

周期番号は主量子数 n に等しく，各周期はある殻の s 副殻および p 副殻が満たされていく過程に対応している．

族番号は最外殻の電子数，すなわち価電子数に対応しており，1〜18 族方式では族番号 G と最外殻の電子数とは次のような関係にある．

ブロック	最外殻電子数
s, d	G
p	$G-10$

d ブロック元素の最外殻は ns 軌道と $(n-1)d$ 軌道とから構成されると考える必要がある．たとえば，Sc(3 族)：$[Ar]4s^2 3d^1$ の場合には 3 個，Fe(8 族)：$[Ar]4s^2 3d^6$ の場合には 8 個のように数える．p ブロック元素では，たとえば，Se(16 族)：$[Ar]3d^{10} 4s^2 4p^4$ の場合には 6 個となる．

1.4　原子パラメーター

原子の性質の中でも原子やイオンの大きさは，結晶や分子の構造を幾何学的に論じるにあたって有用である．ところが，量子論の立場からは原子中の電子の波動関数は核から離れるに従って指数関数的に減少するため，原子やイオンの半径は明確な値をもつものではないが，電子の多い原子は，電子の少ない原子よりも大きいはずだと直感的には考えられる．このような考え方をもとに原子半径やイオン半径に相当する経験的なパラメーターが提案されている．

[*1] 固体物理や半導体分野では，慣用的に 13 族と 15 族の化合物を III-V 族半導体，12 族と 16 族の化合物を II-VI 族半導体のようによぶことも多い．

[*2] ランタノイドは "ランタンのような" という意味であり，本来はランタンを含むべきではないが，IUPAC によれば一般的な用法ではランタンも含む．アクチノイドも同様である．

[*3] IUPAC 勧告では 18 族元素を除くとされているが，18 族も含めて典型元素とよぶこともある．

1.4.1 原 子 半 径

原子半径は，おおまかには原子を剛体球とみなして隣接原子との中心間距離の半分といえ，原子間の結合様式によって，**金属結合半径**，**共有結合半径**，**イオン半径**の三つに分類される（図1.9）.

金属元素の場合には，単体固体中の最近接原子の中心間距離の半分を金属結合半径とよぶ．金属結合半径は配位数が大きくなると長くなることが知られている．多くの金属結晶は最密充填構造をとっており，配位数が12の場合の金属結合半径の値が図1.10にまとめられている．配位数が異なる金属結合半径を比較する際にはGoldschmidtにより見出された配位数と金属結合半径との関係が役に立つ（表1.2）. たとえば，Na金属結晶の実験的に得られた金属結合半径は185 pmであるが，これは配位数8の結晶構造の値である．したがって，配位数12の最密充填構造の場合に示すはずの金属結合半径は，$185 \times (1/0.97) = 191$ pmとなる．このように，金属元素については最密充填構造中で示すはずの補正された金属結合半径が図1.10に比較されている.

(a) 金属結合半径   (b) 共有結合半径   (c) イオン半径

図 1.9 結合様式による原子半径の定義

Li 157	Be 112											B 88	C 77	N 74	O 66	F 64
Na 191	Mg 160											Al 143	Si 117	P 110	S 104	Cl 99
K 235	Ca 197	Sc 164	Ti 147	V 135	Cr 129	Mn 137	Fe 126	Co 125	Ni 125	Cu 128	Zn 137	Ga 153	Ge 122	As 121	Se 117	Br 114
Rb 250	Sr 215	Y 182	Zr 160	Nb 147	Mo 140	Tc 136	Ru 134	Rh 134	Pd 137	Ag 144	Cd 152	In 167	Sn 158	Sb 141	Te 137	I 133
Cs 272	Ba 224	La 188	Hf 159	Ta 147	W 141	Re 137	Os 135	Ir 136	Pt 139	Au 144	Hg 155	Tl 171	Pd 175	Bi 182		

図 1.10 原子半径（単位 pm）
金属結合半径は配位数12の場合の値． □ 部は単結合の共有結合半径を示す.

表 **1.2** Goldschmidt による
金属結合半径の補正

配位数	相対的半径
12	1
8	0.97
6	0.96
4	0.88

　非金属元素の場合にも同様に，同一元素の分子中における隣接原子間距離の半分を共有結合半径とよぶ．多重結合の場合には結合次数が大きいほど，結合半径が短くなる傾向にある．図 1.10 では単結合の場合の値を示す．

　図 1.10 から，同周期元素では，最外殻が s または p 軌道(s ブロックおよび p ブロック)の元素では，左から右へ行くほど原子半径が減少することがわかる．これは，原子番号の増加とともに増加した電子は同じ殻に入るが，有効核電荷が増加するために電子が原子核に引きつけられるためである．一方，同族元素では，基本的には下に行くほど原子半径が増加する．これは価電子が主量子数の高い軌道，つまり広がりの大きな軌道を占めるからである．この傾向は，第 5 周期までは一般的な傾向としてよく成り立つが，第 6 周期以降では状況が異なる．第 6 周期の原子番号 57 の La から原子番号 71 の Lu までのランタノイドでは，原子番号の増加とともに 5s や 5p よりも内殻の 4f 軌道に電子が加わる．4f 軌道の電子は遮蔽効果が小さいために原子番号の増加とともに有効核電荷が増加するため，ランタノイドでは原子番号の増加とともに原子半径の減少が顕著になる．これを**ランタノイド収縮**とよぶ．その結果，第 4 周期の Ti から第 5 周期の Zr では原子半径が増加しているものの，Zr から第 6 周期の Hf では原子半径がわずかに減少する．これは Hf の直前にランタノイドが位置し，この部分で原子半径が大きく減少するランタノイド収縮による効果が，最外殻電子の主量子数の増加による半径の増大の効果を相殺しているためである．

1.4.2　イ オ ン 半 径

　イオン半径は，原子半径と同じように隣接する陽イオンと陰イオンとの中心間距離から定義される．この際，イオン間距離を各イオンの半径に割り振るため，

歴史的には複数の試みがなされている．その中でも一般的なものとしては，O^{2-} の半径を 140 pm とする方法がある．O^{2-} は分極しにくく，相手の陽イオンによって大きさがあまり変わらないと考えられる．しかしながら，このような定義は一意ではなく，イオン半径を比較する際には，そのデータが同じ基準のもとに算出されたものであるかを確認する必要がある．

また，イオン半径は配位数とともに大きくなる傾向にある．したがって，イオン半径を比較するには，同じ配位数のものどうしを比べなければならない．一般には配位数 6 のときの値が使われることが多い．結晶構造や配位数を決めるうえで，イオン半径比 ρ が目安になる．イオン半径比は大きいイオンの半径に対する小さいイオンの半径の比として定義する．

$$\rho = \frac{r_{小}}{r_{大}} \tag{1.8}$$

多くの場合には，$r_{小}$ は陽イオンの半径，$r_{大}$ は陰イオンの半径である．図 1.11 に示すイオン半径比と配位数との関係は，小さなイオンの周りに大きなイオンを最大何個並べられるかという幾何学的考察から得られる．ある配位数に対して，イオン半径比が表中に示す下限よりも小さい場合には，異符号のイオンどうしは接触できなくなり，同符号のイオンどうしが接触してしまう．この場合には，Coulomb エネルギーを下げるように，より配位数の小さい構造が有利になると考えられる．このような考え方は，配位数 8 の場合にはよくあてはまるが，配位数が小さくなるにつれて例外が多くなる．

配位数	3	4	6	8
イオン半径比	$0.1 \sim 0.2$ 	$0.2 \sim 0.4$ 	$0.4 \sim 0.7$ 	>0.7 

図 1.11 イオン半径比と配位数の関係

1.4.3　電気陰性度

電気陰性度とは，化合物中にある原子が自分自身の周りに電子を引きつける強さの相対的な尺度であり，ギリシャ文字の χ で表される．周期表の中で F 付近の元素のような電子を強く引きつける傾向をもつ原子を電気的陰性であるといい，アルカリ金属のような電子を失う傾向をもつ原子を電気的陽性であるという．電気陰性度は結合エネルギーや分子の極性，さまざまな物質の反応形式を説明するうえで利用される．

電気陰性度の定義の仕方にはいろいろあり，定量的尺度の定式化にはさまざまな試みがなされてきた．Pauling は，原子価結合法をもとに，2 種類の原子 A と B の電気陰性度の差は結合解離エネルギー D を使って次のように定義できることを提案した．

$$|\chi_A - \chi_B| = 0.102 \left\{ D(A-B) - \frac{1}{2}[D(A-A) + D(B-B)] \right\}^{1/2} \tag{1.9}$$

この定義に基づく電気陰性度を **Pauling（ポーリング）の電気陰性度** という．この値を図 1.12 に示す．

一方，Mulliken は，原子のイオン化エネルギー I と電子親和力 E_{ea} に着目し，電気陰性度は次のように定義できることを提案した．

$$\chi_M = \frac{1}{2}(I + E_{ea}) \tag{1.10}$$

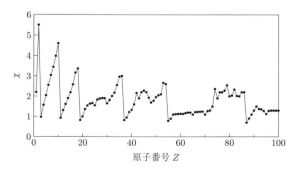

図 1.12　Pauling の電気陰性度

　この定義に基づく電気陰性度を **Mulliken**(マリケン)**の電気陰性度**という. イオン化エネルギーが大きい原子は電子を放出しにくく, 電子親和力が大きい原子は電子を獲得した際のエネルギー利得が大きく電気的陰性である. したがって, 両者が大きい原子は, 電気陰性度が高い傾向にある.

　Pauling の電気陰性度 χ_P と Mulliken の電気陰性度 χ_M との値は類似しており, 次のような換算式がある.

$$\chi_P = 1.35\sqrt{\chi_M} - 1.37 \tag{1.11}$$

　一般的な傾向として周期表の右上の原子では電気陰性度が大きく, 左下の原子では小さい. 何れの定義においても絶対値はあまり意味をもたず, 結合する原子の電気陰性度の差が大きければイオン結合性が高く, 差が小さければ共有結合性が高いことになる.

2 分子の構造

　分子の形成の基本となる原子・イオン間の結合の各種様式とそれらの特徴を説明する．等核二原子から多原子分子までの代表的構造とその構造的特徴を電子軌道等の観点から説明する．また，構造を定める因子や構造の推定に有用な各種のモデル・理論を述べる．

2.1 結 合 様 式

　多くの元素は同じ元素もしくは他の元素と結合を形成し，安定化する．ここでは結合の種類をイオン結合，共有結合，金属結合，配位結合の四つに分類し，それぞれの特徴について説明する．

2.1.1 イ オ ン 結 合

　イオン結合とは，イオン化エネルギーが小さな原子と電子親和力が大きな原子との間で電子がやり取りされ，生成した陽イオンと陰イオンの間ではたらく静電力によってもたらされる結合のことである．各イオンは最外殻エネルギー準位が満たされた貴ガス型の電子配置をとる．イオン化エネルギーの小さなアルカリ金属などの元素 A と，電子親和力の大きなハロゲンなどの元素 B の間では，以下のように電子の移動が起こる．

$$A(g) \longrightarrow A^+(g) + e^- \tag{2.1a}$$
$$B(g) + e^- \longrightarrow B^-(g) \tag{2.1b}$$

　アルカリ金属である Na の第一イオン化エネルギーは 5.14 eV であり，ハロゲンである Cl の第一電子親和力は 3.61 eV である．そのため Na と Cl 間の電子の授受には 1.53 eV のエネルギーが必要となるが，生成される Na^+ イオンと Cl^- イオンがある距離まで近づくと静電力によって安定化する．静電ポテンシャルエネルギーは $-e^2/4\pi\varepsilon_0 d$ と表され，ここで e は電気素量，ε_0 は真空の誘電率，d は核間距離である．Na^+ イオンと Cl^- イオンが，気体の NaCl における核間距離（0.236 nm）まで近づいたとすると，静電ポテンシャルエネルギーは -6.1 eV とな

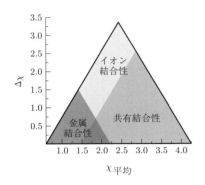

図 **2.1** van Arkel-Ketelaar の三角形

る．この値は電子の授受に必要なエネルギーを補って余りあるものであり，イオン結合は静電ポテンシャルによって安定化する．なお，Na^+ と Cl^- がさらに近づくと，原子核間および電子間の静電反発力によって不安定化する．

このようなイオン結合は，構成原子間の電気陰性度の差（$\Delta\chi = |\chi_A - \chi_B|$）が大きいことによって特徴付けられる．また，差が大きいので平均の電気陰性度（$\chi_{平均} = (\chi_A + \chi_B/2)$）は中間的な値をとる．たとえば，イオン結合性が支配的な Cs－F 結合では $\Delta\chi = 3.19$，$\chi_{平均} = 2.38$ である．ただし，元素ごとに電気陰性度は異なり，多くの化合物においてはイオン結合性だけでなく後述の共有結合性も有している．共有結合は高い電気陰性度をもつ非金属原子間において形成されやすく，金属結合は電気陰性度が低くかつその差が小さい原子間で形成される傾向があるとされる．van Arkel と Ketelaar は，$\Delta\chi$ と $\chi_{平均}$ を指標として二元化合物の結合をイオン結合性，共有結合性，金属結合性に分類する三角形を描いた[1]（図 2.1）．この三角形は，二元化合物での支配的な結合の種類を予想するのに用いることができる．

2.1.2 共 有 結 合

隣り合った原子どうしが不対電子を出し合い，その電子対を両方の原子が共有することで形成される結合のことを**共有結合**とよぶ．結合に寄与する電子対は共有電子対あるいは結合電子対とよばれる．一方，共有されない電子対は非共有電子対あるいは孤立電子対とよばれ，共有結合には関与しないが分子形や化学的性

$$:N:::N: \quad \ddot{O}::\ddot{O} \quad :\ddot{F}:\ddot{F}:$$

$$\begin{array}{c} :\ddot{O}:H \\ | \\ H \end{array} \qquad \begin{array}{c} H \\ | \\ H:\overset{\textstyle H}{\underset{\textstyle H}{C}}:\ddot{O}:H \end{array}$$

(a) 等核二原子分子 (N_2, O_2, F_2)　　　　(b) 異核多原子分子 (H_2O, CH_3OH)

図 2.2 Lewis 構造の例

質に影響を与えることが知られている．Lewis は，分子中の原子はその電子配置が貴ガスと同じ閉殻構造になるように隣り合う原子と電子を共有する，という**オクテット則**を提唱した．H や Li は最外殻に 2 個の電子をもつ He 型の電子配置をとって安定化し，その他の多くの典型元素では最外殻に 8 個の電子が入った電子配置となって安定化する．このオクテット則を用いてさまざまな分子を表記したものを，**Lewis**（ルイス）**構造**あるいは**点電子式**とよぶ．たとえば，窒素分子 (N_2) や酸素分子 (O_2)，フッ素分子 (F_2) の Lewis 構造は図 2.2(a)のように描かれる．N 原子 ($[He]2s^2 2p^3$)，O 原子 ($[He]2s^2 2p^4$)，F 原子 ($[He]2s^2 2p^5$) はそれぞれ最外殻に 5，6，7 個の電子をもつので，等核二原子分子となる場合は隣り合う原子とそれぞれ 3，2，1 個の不対電子を共有してオクテットを形成する．また，一つの共有電子対を 1 本の結合と考えれば，N_2, O_2, F_2 はそれぞれ三重結合，二重結合，単結合である．ただし，実際の O_2 分子は 2 個の不対電子をもっており常磁性を示すが，二重結合であることと不対電子をもつことを同時に説明するためには，2.2.1 項で示す分子軌道形成の概念が必要である．

　異なる原子間の結合をもつ分子についても同様にオクテット則を満足した Lewis 構造で表すことができ，水 (H_2O) 分子やメタノール (CH_3OH) 分子は図 2.2(b)のように描かれる．

　オクテット則は単純な規則であるにもかかわらず多くの典型元素の結合を定性的に説明もしくは推測できるが，一つの分子を表すのに一つの Lewis 構造では不十分な場合がある．たとえば O_3 分子の Lewis 構造では，単結合と二重結合が一つずつ存在する．しかしながら，実際にはどちらの結合距離も同じ 0.128 nm であり，この値は O—O 単結合の 0.148 nm と O＝O 二重結合の 0.121 nm の中間である．この差異は，二重結合が 3 個の O 原子間で共有される，という共鳴の概念によって説明できる．共鳴の考え方では，与えられた原子配列に対して描くことのできる Lewis 構造のすべてを合わせたものが実際の分子構造であると考える．O_3 分子では，図 2.3 のような共鳴構造をとる．

$$\ddot{\text{O}}\!:\!\ddot{\text{O}}\!::\!\ddot{\text{O}} \;\longleftrightarrow\; \ddot{\text{O}}\!::\!\ddot{\text{O}}\!:\!\ddot{\text{O}}$$

図 **2.3**　O_3 分子の共鳴構造の例

　原子間の結合を原子軌道の相互作用によって記述するための理論には，**分子軌道理論**(molecular orbital theory：MO 理論)と**原子価結合理論**(valence bond theory：VB 理論)がある．MO 理論では分子中の電子は原子軌道ではなく分子全体に非局在化した分子軌道に属していると考え，VB 理論では分子中の電子は個々の原子の原子軌道を占めていると考える．無機分子に関する理論計算は，現在ではほとんど MO 理論によって行われており，ここでは MO 理論に簡単にふれる．MO 理論では，分子軌道は各原子の原子軌道の重なりによって形成されると考え，**LCAO**(linear combination of atomic orbital)**近似**とよばれる原子軌道の線形結合によって分子軌道を組み立てる．たとえば，H_2 分子の分子軌道は，2 個の H 原子の 1s 軌道を線形結合することによって表される．

$$\psi_+ = c(\phi_A + \phi_B) \tag{2.2a}$$
$$\psi_- = c(\phi_A - \phi_B) \tag{2.2b}$$

ここで，c は全空間での電子の存在確率が 1 になるための規格化係数であり，A と B は 2 個の H 原子核を区別するためのものである．ψ_+ は H 原子の 1s 軌道が同位相で線形結合したものであり，ψ_- は逆位相での線形結合である．これを図示したものが図 2.4(a)であり，2 個の H 原子が近づいてそれぞれの原子軌道が重なるとき，同位相の場合は原子間の電子密度が増加し，逆位相の場合は原子間の電子密度が減少する．同位相で重なった場合，電子は両方の原子と強く相互作用できるため，個々の原子軌道を占めていたときに比べてエネルギーが低くなり，安定化する．一方，逆位相で重なった場合では，原子間に電子が存在できない節が存在することになる．このとき，電子は主に結合領域の外側に分布するため，電子は外側から原子核を引きつけ，さらに原子核間の反発も生じるため，エネルギー的に不安定になる．各原子の原子軌道が同位相で重なることで形成される分子軌道を**結合性軌道**，逆位相で重なるときは**反結合性軌道**とよぶ．一つの分子軌道に入ることのできる電子の数は Pauli の排他原理に従って 2 個までであり，2 個の電子のスピンは対になっていなければならない．原子間の結合は，電子が分子軌道を占めることで，原子が独立に存在する場合よりもエネルギー的に低くなったとき，安定に形成される．なお，二つの原子核を結ぶ結合軸を中心に

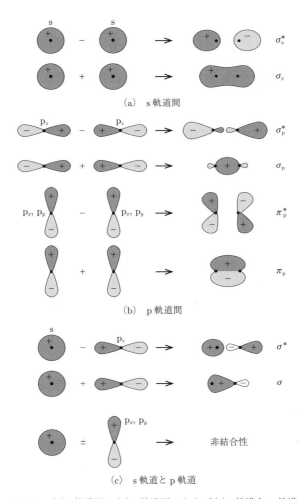

(a) s軌道間

(b) p軌道間

(c) s軌道とp軌道

図 **2.4**　(a)s軌道間，(b)p軌道間，および(c)s軌道とp軌道
の重なりによって形成される分子軌道の模式図
(b)および(c)では結合軸を z 軸としている.

原子軌道が重なる場合，すなわち結合軸方向に分子軌道を投影したときの形が結合軸を中心とした円形であれば，その分子軌道の結合性軌道を **σ軌道**，反結合性軌道を **σ* 軌道** とよぶ．s 軌道は球状なので，s 軌道どうしの相互作用によって形成される分子軌道は σ_s あるいは σ_s^* 軌道である．p 軌道には方向性があり，p_x, p_y, p_z 軌道が存在する．結合軸を z 軸方向にとった場合，図 2.4(b) に示すように p_z 軌道どうしの重なりは結合軸に沿ったものとなり，形成される分子軌道は σ_p と σ_p^* である．また，結合軸に対して垂直な方向性をもつ p_x 軌道と p_y 軌道においても，それぞれの原子軌道間の相互作用によって分子軌道が形成される．この場合の分子軌道の結合性軌道は **π_p 軌道**，反結合性軌道は **π_p^* 軌道** とよばれ，結合軸方向に投影すると結合軸に対して垂直な方向性をもつ．π 結合は p 軌道の側面での重なりによって形成されるので原子軌道間の重なりが小さく，σ 結合に比べると一般に結合力が小さい．また，s 軌道と p 軌道のエネルギー差が小さく，かつ対称性が合うときは，図 2.4(c) のように s 軌道と p 軌道の波動関数が重なり，σ 軌道が形成される．

多くの典型元素の結合では，最外殻にある s 軌道と p 軌道の合計四つの原子軌道が結合に用いられ，これらの各軌道は結合を形成する際に周りの原子の原子軌道との相互作用によって結合性軌道と反結合性軌道を一つずつ形成する．相互作用のないときは**非結合性軌道**として残る．その結果，エネルギーの低い結合性軌道と非結合性軌道は合計四つ存在し，これらが電子で満たされた状態，すなわち合計 8 個の電子によって占有されたときに最も安定となる．このように，Lewis のオクテット則は MO 理論によって根拠付けることができる．

2.1.3 金 属 結 合

一般的な金属固体の特徴として，電気伝導率や熱伝導率が高いこと，光反射率が高いこと，展性や延性に富むことがあげられる．これらの特徴は，**金属結合**とよばれる結合様式に起因する．金属原子の価電子は，金属固体の全体に非局在化した軌道を占めることによって，固体中の全原子に共有されているとみなせる．このような価電子は**自由電子**とよばれ，固体中を自由に動くことができるので，金属の高い電気伝導率や熱伝導率，高い光反射率の要因となる．また，金属固体中では原子が容易に動くことができ，展性や延性が現れる．

金属のように多数の原子から構成される固体もしくは液体では，分子軌道が連

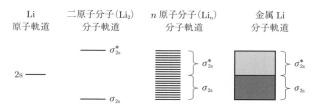

図 **2.5**　金属 Li において形成されるエネルギーバンドの模式図

続的になったエネルギーバンドが形成される．金属 Li を例に説明すると，Li 原子の電子配置は $1s^2 2s^1$ であり，1 個の価電子をもつ．Li_2 分子では 2s 軌道間の相互作用によって結合性軌道（σ_{2s}）と反結合性軌道（σ_{2s}^*）の分子軌道が形成され，Li 原子の価電子は σ_{2s} を占める．Li 原子がさらに 1 個加わると分子軌道は三つできるので，Li 原子の価電子は低エネルギー側の分子軌道から順に Pauli の排他原理に従って入る．n 個の Li 原子が集まるとエネルギーの異なる分子軌道が n 個形成されるが，固体では n の値が大きいので形成される分子軌道の数は膨大なものとなり，それぞれの分子軌道間のエネルギー差はほとんど無視できるほど小さくなる．最終的には図 2.5 に示すように，分子軌道群は幅をもったエネルギー帯，いわゆる「**エネルギーバンド**」を形成する．金属ではバンド間にギャップがなく，電子は容易に空の準位に励起されるので，自由に動き回ることができる．金属以外の絶縁体や半導体では，バンド間にエネルギーギャップがあるため電子の動きは制限される．このエネルギーギャップのことを**バンドギャップ**とよぶ．

2.1.4 配 位 結 合

2.1.2 項で説明した共有結合では，隣り合った原子どうしが不対電子を 1 個ずつ提供し合うことで，結合に寄与する電子対が形成されていた．**配位結合**は，片方の原子だけが電子対を提供することによって形成される結合のことである．電子対を供給する原子を**電子対供与体**，受け取る側を**電子対受容体**とよぶ．電子対供与体と電子対受容体における電子対の授受は，Lewis の酸塩基反応（4.1.2 項参照）と考えることができ，電子対供与体は **Lewis 塩基**，電子対受容体は **Lewis 酸**に相当する．たとえば，NH_4^+ イオンは NH_3 分子と H^+ イオンの反応によって

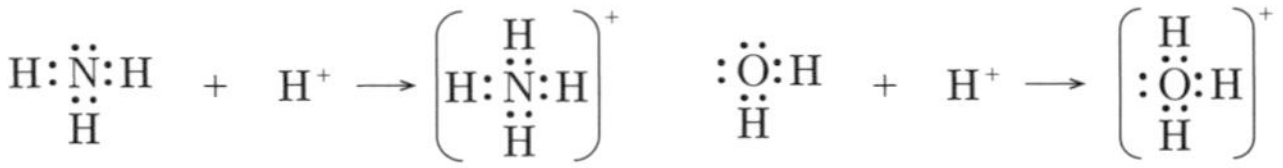

$$H:\overset{\displaystyle H}{\underset{\displaystyle H}{N}}:H \quad + \quad H^+ \quad \longrightarrow \quad \left[H:\overset{\displaystyle H}{\underset{\displaystyle H}{N}}:H \right]^+ \qquad :\overset{}{\underset{\displaystyle H}{O}}:H \quad + \quad H^+ \quad \longrightarrow \quad \left[:\overset{}{\underset{\displaystyle H}{O}}:H \right]^+$$

図 **2.6** NH_4^+ イオンと H_3O^+ イオンの配位結合

できるが, H^+ は不対電子をもたないため N 原子の非共有電子対を共有することによって結合ができると考えられる(図 2.6). 同様に H_3O^+ イオンでも, O 原子の非共有電子対が H^+ イオンと共有されることによって結合が形成される. これらの場合では, NH_3 および H_2O が電子対供与体(Lewis 塩基), H^+ イオンが電子対受容体(Lewis 酸)である.

　金属錯体も配位結合によって形成される物質であり, 中心金属原子に配位子が結合している. 金属錯体では, 一般に中心金属が電子対受容体(Lewis 酸)であり, 配位子が電子対供与体(Lewis 塩基)である. 金属錯体での結合の理論には, 静電的な相互作用に基づいた結晶場理論と, 分子軌道法に基づいた配位子場理論がある(工学教程 “無機化学 II” 1.1 節参照).

2.2   分 子 構 造

　ここでは二原子から多原子分子の代表的構造とその構造的特徴を電子軌道などの観点から説明する.

2.2.1   等核・異核二原子分子

　簡単な等核二原子分子として水素(H_2)分子について説明する. 2 個の H 原子が近づくと互いの 1s 軌道が相互作用し, 式(2.2a)と式(2.2b)で表される結合性軌道 σ_{1s} と反結合性軌道 σ_{1s}^* の分子軌道が形成される. H 原子の 1s 軌道を占めていた計 2 個の価電子は, Pauli の排他原理と Hund 則に従って, 図 2.7 に示すようにエネルギーの低い σ_{1s} に配置され, H_2 分子は安定化する. H_2 分子の平衡核間距離と結合解離エネルギーはそれぞれ 0.074 nm, 432 kJ mol^{-1} である. H_2 分子から電子が一つ抜けた H_2^+ イオンは気相中で一時的に存在することが知られており, その平衡核間距離と結合解離エネルギーは 0.105 nm, 270 kJ mol^{-1} であ

原子軌道 分子軌道 原子軌道
H H₂ H

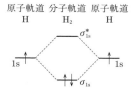

図 2.7 H₂分子の分子軌道

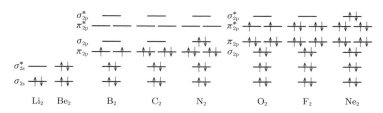

図 2.8 第 2 周期元素から構成される等核二原子分子の分子軌道図と電子配置
1s 軌道に由来する分子軌道は省略した．Ne₂分子は仮想的なものとして記載している．

る．一方，H_2 分子に電子を 2 個加えて H_2^{2-} イオンをつくろうとした場合，加えられた電子は σ_{1s}^{*} に入るため，結合形成によるエネルギー低下が起こらない．すなわち，このようなイオンは安定に存在しない．同様に，He_2 分子が安定に存在できないのは，結合形成によるエネルギー低下が生じないためである．

Lewis 構造では結合の多重度として結合次数が定義されたが，分子軌道法では式(2.3)のように**結合次数**が定義され，H_2 分子，H_2^{+} イオン，He_2 分子の結合次数は，それぞれ 1，1/2，0(結合が存在しない)である．

$$\frac{(結合性軌道中の電子数) - (反結合性軌道中の電子数)}{2} \tag{2.3}$$

第 2 周期の元素から構成される等核二原子分子についても，基本的に同様の考察が可能であるが，これらの分子では 2s 軌道と 2p 軌道が結合に寄与する．図 2.8 は第 2 周期元素から構成される等核二原子分子の分子軌道図である．

O，F，Ne 原子では，有効核電荷が大きいため 2s 軌道と 2p 軌道のエネルギー差が広がっており，たとえば F 原子では 2p 軌道のエネルギーは 2s 軌道のエネ

ルギーよりも 2.5 MJ mol^{-1} 程度高い．このように 2s と 2p 軌道間のエネルギー差が大きい場合，2 個の等核原子が近づいて分子軌道を形成する場合には 2s と 2p 軌道間の相互作用は無視できる程度である．一方，周期の最初の元素ではこれらの軌道間のエネルギー差は 0.2 MJ mol^{-1} 程度と小さい．そのため，B，C，N 原子の場合は 2s 軌道と 2p 軌道のエネルギー差が小さく，2 個の等核原子が近づくと 2s と 2p 軌道間で相互作用が生じ，その結果として 2p 軌道に由来する σ_{2p} 軌道のエネルギーが π_{2p} 軌道よりも高くなる．形成された分子軌道に Pauli の排他原理と構成原理，および Hund 則に従って電子を配置することで，分子の基底状態電子配置を予想することができる．O_2 分子を例に見ると，その結合次数は式 (2.3) から 2 と算出される．また，不対電子を 2 個もっており，これが O_2 分子における常磁性の要因である．2.1.2 項で述べたように，Lewis 構造式では O_2 分子の二重結合と常磁性を同時に説明することはできなかったが，分子軌道法ではこの事実をよく説明できる．

　電子が詰まっている最高エネルギーの分子軌道は**最高被占軌道**(highest occupied molecular orbital：**HOMO**)，電子が詰まっていない最低エネルギーの分子軌道は**最低空軌道**(lowest unoccupied molecular orbital：**LUMO**) とよばれる．また，これらはまとめて**フロンティア軌道**とよばれ，分子の性質や反応性に重要な役割を果たす．

　次に，異核二原子分子での結合を分子軌道の形成から考える．HCl や CO などのように，異なる二つの元素が結合してできる分子を異核二原子分子という．等核二原子分子では電子分布は二つの原子核に対して完全に対称であるが，異核二原子分子の場合は電気陰性度に差があるため，電子分布に偏りが生じやすい．電子分布の偏りを分極とよび，分極のある共有結合を極性共有結合という．なお，この分極が極端になった場合がイオン結合である．極性の度合は**双極子モーメント** (μ) で表され，正電荷 $+\delta$ と負電荷 $-\delta$ が距離 d 離れて配置されているときの双極子モーメントは $\mu = \delta d$ と定義される．双極子モーメントの単位には，C·m あるいは debye (D) が用いられ，1 D $= 3.336 \times 10^{-30}$ C·m である．

　異核二原子分子では各原子の原子軌道エネルギーが異なるため，分子軌道はエネルギーの近い原子軌道が相互作用することで形成される．たとえば，HCl 分子では図 2.9 (a) に示すようにエネルギーの近い Cl 原子の $3p_z$ 軌道と H 原子の 1s 軌道が相互作用し，結合性軌道 (σ) と反結合性軌道 (σ^*) が生成される．結合性軌道 (σ) はエネルギーの低い Cl の $3p_z$ 軌道の寄与が大きく，反結合性軌道 (σ^*) はエ

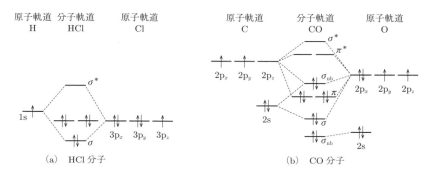

図 **2.9** (a)HCl 分子と(b)CO 分子の分子軌道図

ネルギーの高い H 原子の 1s 軌道の寄与が大きい．ここで，z 軸を結合軸に平行にとっており，このとき $3p_x$ と $3p_y$ 軌道は H 原子の 1s 軌道と波動関数の重なりがないため非結合性軌道として残る．Cl 原子の原子軌道が主に寄与した結合性軌道に電子が入っていることから，電子は Cl 原子に偏っており，HCl 分子は極性をもつ．HCl の双極子モーメントは 1 D を超える程度である．また，HCl 分子の結合次数は，式(2.3)から 1 である．

　CO 分子は同周期の異なる元素から成る異核二原子分子であり，最外殻の 2s および 2p 軌道の電子が結合に寄与する．原子番号の大きい O 原子のほうが C 原子よりも有効核電荷が大きいため，2s と 2p 軌道のエネルギーはともに O 原子のほうが低く，また，2s と 2p 軌道間のエネルギー差は O 原子のほうが大きい．CO 分子の分子軌道の概略図を図 2.9(b)に示す．O 原子の 2s 軌道は，C 原子の 2s 軌道と対称性は合うものの，エネルギー差が大きいためほとんど相互作用せず，非結合性軌道(σ_{nb})として O 原子上にほとんど局在した軌道を形成する．O 原子の $2p_z$ 軌道は，エネルギーが近くかつ対称性の合う C 原子の 2s および $2p_z$ 軌道と相互作用し，σ, σ_{nb}, σ^* 軌道を形成する．このときの σ_{nb} はほとんど C 原子に局在した非結合性軌道である．C と O 原子の $2p_x$ と $2p_y$ 軌道は，その対称性から π および π^* 軌道を形成する．CO の結合次数は，結合性軌道に入っている電子が 6 個，反結合性軌道には 0 個なので，3 である．また，CO 分子の HOMO が C 原子にほぼ局在した非結合性軌道であることに起因して，CO 分子の双極子モーメントは 0.1 D と小さく，さらに C 原子の電気陰性度のほうが小さいにもかかわらず C 原子側が負に分極している．

2.2.2 多原子分子

3個以上の原子から成る多原子分子においても，二原子分子の場合と同様に結合を考察することができる．簡単な多原子分子として，直線形の BeH_2 分子と折れ線形の H_2O 分子を例に，これらの結合を考える．直線形 BeH_2 の場合，結合軸を z 軸とすると，H 原子の 1s 軌道と Be 原子の 2s および $2p_z$ 軌道が結合に寄与する．Be 原子の 1s 軌道は他の軌道と比べてエネルギーが著しく低く，また，Be 原子の $2p_x$ と $2p_y$ 軌道は H 原子の 1s 軌道と波動関数の重なりがないため，これらの原子軌道は非結合性軌道である．図 2.10(a) に BeH_2 分子の分子軌道エネルギー準位図を示した．なお，2 個の H 原子の 1s 軌道は群軌道(χ_+ および χ_-)としてエネルギー準位図を描いている．群軌道とは，中心原子の原子軌道と対称性が合うように，等価な原子の原子軌道を線形結合した軌道の組であり，対称化軌道ともよばれる．ここで，直線形分子における分子軌道の表記について簡

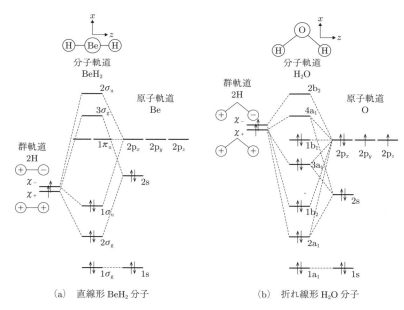

(a)　直線形 BeH_2 分子　　　　　(b)　折れ線形 H_2O 分子

図 2.10　(a)直線形 BeH_2 分子と(b)折れ線形 H_2O 分子における分子軌道のエネルギー準位図

単に説明しておく．σ**軌道**は結合軸に対して軸対象な分子軌道，π**軌道**は180°回転で ± の符号が変わる分子軌道，δ**軌道**は90°回転で ± の符号が変わる分子軌道のことである．さらに，分子の中心を原点としたときに原点対称な分子軌道には g，反対称な軌道には u の添え字を付ける．図 2.10(a) の BeH_2 分子の場合，エネルギー準位の低い順に，$1\sigma_g$：非結合性軌道，$2\sigma_g$：結合性軌道，$1\sigma_u$：結合性軌道，$1\pi_u$：非結合性軌道，$3\sigma_g$：反結合性軌道，$2\sigma_u$：反結合性軌道である．

　H_2O 分子は折れ線形であり，H−O−H の角度は104.5°である．折れ線形 H_2O 分子における分子軌道のエネルギー準位図を図 2.10(b) に示す．なお，折れ線形における分子軌道の表記は，各分子軌道の対称性を反映したものである[2]．直線形 BeH_2 分子と折れ線形 H_2O 分子における結合では，以下の点が大きく異なる．

・ O 原子の電気陰性度は Be 原子と比べて高い．また，O 原子の 2s および 2p 軌道のエネルギー準位は 2 個の H 原子から形成される群軌道のエネルギー準位よりも低い．
・ 中心原子の $2p_x$ と $2p_y$ 軌道は，直線形では非結合性軌道($1\pi_u$)を形成する．一方，折れ線形では，$2p_y$ 軌道は H 原子の群軌道と相互作用しないので非結合性軌道のままであるが，$2p_x$ 軌道では H 原子の群軌道との相互作用が生じる．
・ 中心原子の $2p_z$ 軌道は，直線形では H 原子の群軌道との相互作用によって結合性軌道($1\sigma_u$)を形成する．折れ線形においても結合性軌道($1b_2$)を形成するが，H 原子の群軌道との相互作用が減少するため，直線形の場合に比べてエネルギーが高くなる．
・ H_2O 分子では，BeH_2 分子に比べて中心原子の価電子が 4 個多い．

　分子の変形に伴う分子軌道のエネルギー準位変化に基づいて，定性的に分子形を予測する経験則として **Walsh**(ウォルシュ)**則**を適用できる．Walsh 則とは，簡単に表すと "分子は HOMO のエネルギーが低くなるような形をとる．分子形の変形が HOMO に影響を与えない場合は，HOMO に最も近い被占軌道のエネルギーが低くなるような分子形となる" というものである．BeH_2 分子が直線形から屈曲していく場合を考えると，HOMO である $1\sigma_u$ 軌道は屈曲に伴ってエネルギーが高くなり不安定化する．すなわち，BeH_2 分子では直線形が最も安定である．H_2O 分子の場合，HOMO である $1b_1$ は非結合性軌道なので屈曲に伴うエネルギー変化は小さいが，HOMO に最も近い被占軌道である $3a_1$ のエネルギーは低下する．すなわち，H_2O 分子では屈曲することで全体のエネルギーが低下

するので，直線形よりも折れ線形のほうが安定である．分子形の幾何学構造変化を横軸にとり，分子軌道のエネルギー準位をプロットしたものを **Walsh ダイアグラム**とよび，これを用いると分子形を予測することができる(2.3.3 項参照)．

　第 2 周期までの元素を中心原子とする多原子分子はオクテット則によく従うが，第 3 周期以降の元素を中心原子としてその周囲に電気陰性度の高い原子が結合する場合には，Lewis 構造を描くと 8 個よりも多くの価電子をもつことがある．このような多原子分子は**超原子価化合物**とよばれ，たとえば PCl_5 分子では中心 P 原子周りに 10 個の電子が，SF_6 分子では中心 S 原子周りに 12 個の電子が見かけ上存在する．このような結合の形成について，原子価結合理論では d 軌道の結合への寄与を仮定することで説明されてきたが，分子軌道理論では d 軌道の結合への寄与は小さいことが指摘されている．現在では，超原子価化合物の結合は中心原子の s 軌道や p 軌道のみが関与する多中心多電子結合によって説明されることが多い[3]．PCl_5 分子の分子形は三方両錐形であり，通常の 2 中心 2 電子結合が三つと 3 中心 4 電子結合が一つ形成されている．中心 P 原子とアピカル位の 2 個の Cl 原子との間に形成された 3 中心 4 電子結合では，図 2.11 に示すように電子は結合性軌道と非結合性軌道に入っており，結合形成によってエネルギーが下がるので安定化する．この非結合性軌道は Cl 原子の原子軌道がほとんど寄与した軌道であり，電子が Cl 原子側に偏るため強い分極が発生する．また，PCl_5 分子における結合次数は，3 中心 4 電子結合の部分が 1/2，通常の 2 中心 2 電子結合は 1 であるから，このモデルでは中心 P 原子周りの電子数が 8 個となり，オクテット則を破らない．結合次数から予想できるように，アピカル位の P−Cl 結合距離(0.157 nm)はエクアトリアル位(0.153 nm)の結合距離よりも長

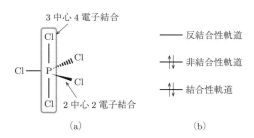

図 **2.11**　超原子価化合物 PCl_5 分子の(a)分子形と，
　　　　　(b)3 中心 4 電子結合の分子軌道エネルギー準位図

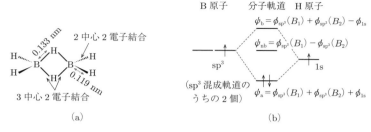

図 2.12 B_2H_6 分子の(a)構造と，(b)架橋部に形成される分子軌道のエネルギー準位図
分子軌道を表す式においてB原子の添え字1と2は，二つのB原子を区別す
るためのものである．

くなっている．

　電子欠損型化合物とよばれる多原子分子では，Lewis構造を描くための電子の
数が不足している．たとえば，B_2H_6 分子ではB原子とH原子の価電子数がそれ
ぞれ3個と1個なので結合に寄与できる価電子の数は合計12個であるが，形式
上八つの結合があるので一つの結合に2個の電子が寄与するという考えでは計
16個の電子が必要であり，電子が不足している．このような電子欠損型の B_2H_6
分子では，3中心2電子結合が形成される．B_2H_6 分子は図2.12(a)に示すよう
に，2個のB原子と両端の4個のH原子が2個の電子を共有して計4本の結合
を形成し，残りの2個のH原子が2個のB原子を架橋した形になっている．両
端の4個のH原子は通常の2中心2電子結合によりB−H結合をつくっており，
残り2個のH原子が3中心2電子結合によってB原子を架橋するように結合を
形成する．

　3中心2電子結合の形成は，分子軌道形成を考えることで容易に説明すること
ができる．架橋部の一つのH−B−H結合について，簡単のため2.3.2項で説明
する混成軌道の概念を取り入れてB原子の sp^3 混成軌道とH原子の1s軌道の相
互作用を考える．二つのB原子の sp^3 混成軌道とH原子の1s軌道の合計三つの
軌道から構成される分子軌道は，図2.12(b)に示すような合計三つの結合性軌道，
非結合性軌道，反結合性軌道を形成する．架橋部分で結合に寄与する電子の数
は，B原子から1個，H原子から1個の計2個であるから，2個の電子がエネル
ギーの低い結合性軌道に入るのでこの構造は安定に存在する．このように
H−B−H結合だけに注目すると，3個の原子間の結合が2個の電子によって形

成されていることになり，3中心2電子結合であることがわかる．また，その結合次数は式(2.3)から1/2であり，架橋部のB−H結合の距離が両端のB−H結合(結合次数1)よりも長いのは，結合次数が小さいためである．同様の結合様式はAl₂(CH₃)₆分子にもみられ，この分子ではメチル基が架橋したAl−CH₃−Alの3中心2電子結合が形成される．

2.2.3 電 子 対 反 発

 Lewis構造で記される共有電子対や非共有電子対は電子密度の高い領域であり，これらの領域間には静電的な反発力がはたらく．たとえば，CH_4分子ではC原子の周りに四つの等価な共有電子対が存在するので，これらの電子対間の反発が最小になるように分子形は正四面体形になると予想できる．同様に，SF_6ではS原子が六つの共有電子対をもつので正八面体形になると予想できる．実際にこれらの分子形は図2.13に示すようにそれぞれ正四面体，正八面体構造である．このような電子対間の反発を考えるモデルを**原子価殻電子対反発モデル**(VSEPRモデル)とよび，このモデルを用いた分子形の予想については2.3.1項で説明する．

 電子対間の静電反発力はその種類によって異なり，一般に次のような傾向がある．

(非共有電子対-非共有電子対)＞(非共有電子対-共有電子対)

＞(共有結合電子間-共有電子対)

 このような傾向になる理由は，非共有電子対は中心原子核のみに引きつけられているため中心原子の周りに比較的大きく広がっているが，共有電子対は中心原子とそれに結合した原子の2個の原子核に引き寄せられるため，中心原子核の周

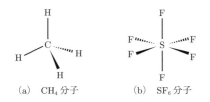

(a) CH_4分子   (b) SF_6分子

図 2.13 (a)CH_4分子と(b)SF_6分子の分子形

りでの広がりが小さく，かつ引き離される傾向があるためだと説明される[3].

　また，結合する原子の電気陰性度が大きい場合には，中心原子近傍での共有電子対の広がりは分極によって小さくなると考えられ，共有電子対による静電反発力は減少する傾向がある．結合の多重度も電子対の静電反発力に関係しており，単結合の場合に比べると多重結合のほうが電子雲の広がりが大きいので静電反発力は大きくなる．

2.3　各種モデルと理論

　構造を定める因子や構造の推定に有用な各種のモデル・理論を述べる．

2.3.1　VSEPR モデル

原子価殻電子対反発モデル（valence shell electron pair repulsion model: VSEPR モデル）では中心原子の最外殻エネルギー準位に入っている電子対に注目し，単結合や多重結合を形成する共有電子対，および非共有電子対といった電子密度の高い領域間の反発が最小になるように，分子形が決定されると考える．このモデルでは s, p, d 軌道のエネルギーの違いを無視しており，電子密度分布についての前提が必ずしも正しいというわけではないが，単純なモデルであるにもかかわらず分子形の予測に有効な概念である．

　VSEPR モデルでは，まず分子あるいはイオンの Lewis 構造を描き，中心原子に結合した原子数と非共有電子対の数を決める．結合した原子の数を数えるのは，原子間の結合が単結合か多重結合かにかかわらず，隣り合った原子の間には一つの電子密度の高い領域が存在すると扱うからである．次に，電子密度の高い領域間の反発ができるだけ小さくなるように，それらの領域の幾何学的な配置を決める．表 2.1 に，電子密度の高い領域の数とその基本的な幾何学的配置を示した．そして，原子が存在する位置から分子形を決定する．たとえば，CH_4 分子のように中心 C 原子の周りに四つの電子対がある場合には，電子対の配置は反発が最小になる四面体形となり，各電子対が H 原子と共有されていることから，分子形は図 2.13 で示した正四面体形となる．

　このモデルでは，多重結合も一つの電子密度の高い領域として扱う．CO_2 分子では，二重結合が 2 組形成されており（O＝C＝O），それぞれの二重結合を一

表 **2.1** 電子密度の高い領域の数とその基本的な幾何学的配置

電子密度の高い領域の数	幾何学的配置	電子密度の高い領域の数	幾何学的配置
2	直線形	5	三方両錐形
3	平面三角形	6	八面体形
4	四面体形	7	五方両錐形

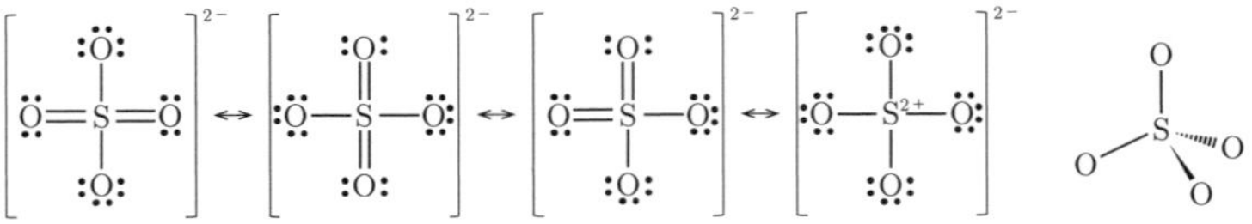

図 **2.14** $SO_4{}^{2-}$ イオンの共鳴構造と分子形

つの高い電子密度の領域と考えれば，直線形になることが予想できる．電子密度の高い領域に注目すれば，共鳴構造を考える必要があった分子あるいはイオンの場合でも，その分子形を予測できる．$SO_4{}^{2-}$ イオンでは図 2.14 に示すように，S−O 間の結合が二つの単結合と二つの二重結合となるオクテット則を超えた構造や，すべて単結合でオクテット則を満たした構造が考えられるが，何れにせよ電子密度の高い領域は四つであり，その分子形は四面体形であると予測できる．

　分子形を決定する因子は電子密度の高い領域の幾何学的配置であるが，分子形は原子の配置をもとに分類される．中心原子 A に原子 B が n 個結合した分子 AB_n において，中心原子 A が m 個の非共有電子対をもつとした場合に，VSEPR モデルから予想される分子形の例を表 2.2 にあげる．中心原子 A はその周囲に電子密度の高い領域を $(n+m)$ 個もち，これらの領域間の反発作用ができるだけ小さくなるように分子形が決定される．NH_3 分子を例にみると，中心原子である N 原子は三つの共有電子対と一つの非共有電子対の計四つの電子対をもち，これらの電子対は四面体形に配置される．分子の形としては，中心原子 N とそれに結合した 3 個の H 原子のみを考慮するので，三角錐形に分類される．

　分子の基本形が決まったら，2.2.3 項で説明した電子密度の高い領域間での反発力の違いを考慮して修正を行う．静電反発力の違いは，分子の結合角に影響を及ぼす．上述の NH_3 分子の場合，図 2.15(a) に示すように N−H 結合間の角度は，正四面体の 109.5° よりも少し小さく，107° である．これは，非共有電子対

表 **2.2** m 個の非共有電子対をもつ分子 AB_n について，VSEPR モデルから予想される分子形とその例

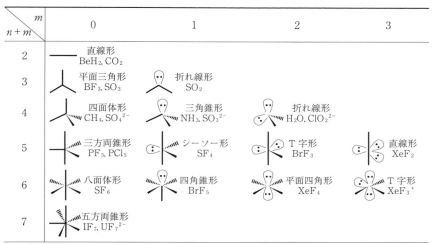

$n+m$ \ m	0	1	2	3
2	直線形 BeH_2, CO_2			
3	平面三角形 BF_3, SO_3	折れ線形 SO_2		
4	四面体形 CH_4, SO_4^{2-}	三角錐形 NH_3, SO_3^{2-}	折れ線形 H_2O, ClO_2^{2-}	
5	三方両錐形 PF_5, PCl_5	シーソー形 SF_4	T字形 BrF_3	直線形 XeF_2
6	八面体形 SF_6	四角錐形 BrF_5	平面四角形 XeF_4	T字形 XeF_3^+
7	五方両錐形 IF_7, UF_7^{2-}			

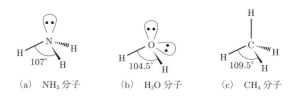

(a) NH_3 分子 　　(b) H_2O 分子 　　(c) CH_4 分子

図 **2.15** (a)NH_3, (b)H_2O, (c)CH_4 分子の分子形と結合角

と共有電子対間の反発が大きいため，共有電子対どうしの角度が狭まったことによる．NH_3 分子と同じく四つの電子対をもつ H_2O や CH_4 分子について考えると，H_2O 分子では中心原子の O 原子周りに二つの共有電子対と二つの非共有電子対が存在するため，結合角は 104.5° と小さくなる．CH_4 分子の場合は，四つの等価な共有電子対のみであるため，その結合角は正四面体の 109.5° に一致する．なお，分子形の分類では H_2O 分子は折れ線形，CH_4 分子は四面体形に属する．

　原子間の結合が多重結合である場合には，単結合の場合よりも大きな反発がもたらされる．図 2.16 に示すように，CF_4，POF_3，SO_2F_2 の分子形は四面体形で

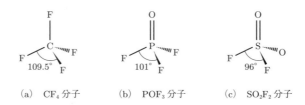

図 **2.16** (a)CF_4，(b)POF_3，(c)SO_2F_2分子の分子形と結合角

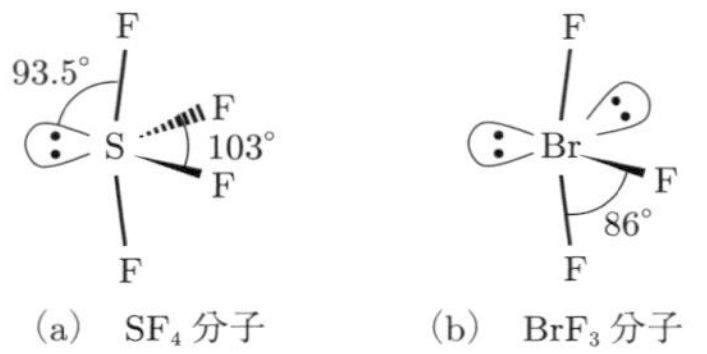

図 **2.17** (a)SF_4と(b)BrF_3分子の立体構造図

あるが，二重結合の数が増えるに従って単結合間の結合角が減少する．

　電子密度の高い領域の数$(n+m)$が5である場合，それらの幾何学的配置は三方両錐形となるが，このとき非共有電子対はアキシアル位（軸方向の位置）よりも他の電子対との反発が小さいエクアトリアル位（赤道面上の位置）に入る．たとえばSF_4分子やBrF_3分子では非共有電子対がエクアトリアル位に入るので，それぞれシーソー形，T字形の分子形をとる．非共有電子対は他の電子対との反発が大きいので，これらの形は少し歪んだものになることが知られており，中心原子に結合する原子は非共有電子対から遠くなるように配置される（図2.17）．

　以上のように，VSEPRモデルは単純でありながらも定性的な分子形の予測に有効であるが，いくつかの例外もある．電子対の数が7個以上であるような場合，電子対が立体化学的に不活性になった場合，部分的にd軌道に電子が入っている遷移金属錯体の場合などでは，VSEPRモデルは成り立ちにくい[3]．

2.3.2　VB　理　論

　原子価結合理論（**VB理論**）は，Lewisの化学結合の概念を量子力学的に表現す

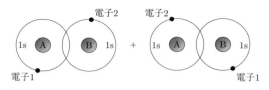

図 2.18　VB 理論に基づいた水素分子の結合モデル

る方法の一つである．この理論では分子中の電子は個々の原子の原子軌道を占めていると仮定し，1 個の不対電子が入った原子軌道どうしの重なりによって結合が形成されると考える．s 軌道を除く原子軌道，もしくは混成軌道は方向性を有しているので，結合に関与する軌道がわかれば分子形を説明することができる．

最も簡単な例として，H_2 分子を考える．十分離れた二つの H 原子を A と B とし，それらの 1s 軌道に入っている電子をそれぞれ 1 と 2 とする．このときの電子の波動関数は，H 原子 A および B の 1s 軌道の波動関数 ϕ_A および ϕ_B を用いて $\phi_A(1)\phi_B(2)$ と表される．H 原子 A と B が近づいて結合を形成すると，図 2.18 に示すように，電子 1 が H 原子 B の 1s 軌道，電子 2 が H 原子 A の 1s 軌道に入っている場合も同様に存在できる．また，電子 1 と 2 は区別できない．すなわち，H_2 分子における電子の波動関数は，VB 理論では以下の線形結合で表される（規格化はしていない）．

$$\psi = \phi_A(1)\phi_B(2) + \phi_A(2)\phi_B(1) \tag{2.4}$$

この波動関数で表される電子分布は二つの原子核を結ぶ結合軸に対して対称であり，σ 軌道である．また，O_2 分子のように p 軌道を電子が占有している場合では，2.2.1 項で述べたように，2p 軌道に入っている不対電子によって一つの σ 結合と一つの π 結合が形成され，二重結合となる．これは，酸素分子の Lewis 構造と矛盾しない．

原子軌道をそのままの形で考えて分子形を説明しようとすると実際の形に合わなくなることが多いため，VB 理論ではいくつかの概念を導入する．代表的な例として CH_4 分子の場合を考える．CH_4 分子では，中心 C 原子が 4 個の H 原子と結合を形成し，その分子形は正四面体形である．C 原子では基底状態の原子価電子配置が $2s^2\,2p_x{}^1\,2p_y{}^1$ なので，このままでは 2p 軌道の不対電子による二つの結合しか形成されない．この結合数の問題を克服するために，VB 理論では昇位という考え方を導入する．昇位とは，形成される結合数が多くなり全体としてエネ

ルギーが下がるのならば，結合形成時に電子が高エネルギーの空軌道に励起される，というものである．CH_4 分子の場合では結合形成時に，C 原子の 2s 軌道の電子 1 個が空軌道である 2p 軌道に昇位され，原子価電子配置が $2s^1 2p_x^1 2p_y^1 2p_z^1$ になると考える．これら 4 個の不対電子が H 原子の 1s 軌道に入っている電子と対になることによって，四つの σ 結合が形成される．ここで，CH_4 分子の分子形が正四面体形になることを考えると，四つの結合は等価であるはずである．しかしながら上述の電子配置では，2s と 2p の原子軌道が結合に寄与することになり，それらは等価ではない．Pauling は，原子軌道を一定の割合で混合した**混成軌道**の概念を導入することで，この問題を解決できることを見出した．すなわち，一つの 2s 軌道と三つの 2p 軌道から，四つの等価な sp^3 混成軌道が形成され，これらの混成軌道が水素原子の 1s 軌道と最大の重なりをもち，かつ電子対どうしの反発が最小になるような方向をとると考えると，正四面体形になることを説明できる．図 2.19 に CH_4 分子の原子配置を示すが，原点に C 原子をおいたときの水素原子の座標は (1，1，1)，(1，−1，−1，)，(−1，1，−1)，(−1，−1，1) である．

C 原子の四つの sp^3 混成軌道の波動関数 ψ は，原子軌道の線形結合によって以下のように記述できる．

$$\psi^{sp^3}{}_1 = c_1\phi_{2s} + c_2(\phi_{2p_x} + \phi_{2p_x} + \phi_{2p_x}) \tag{2.5a}$$

$$\psi^{sp^3}{}_2 = c_1\phi_{2s} + c_2(\phi_{2p_x} - \phi_{2p_x} - \phi_{2p_x}) \tag{2.5b}$$

$$\psi^{sp^3}{}_3 = c_1\phi_{2s} + c_2(-\phi_{2p_x} + \phi_{2p_x} - \phi_{2p_x}) \tag{2.5c}$$

$$\psi^{sp^3}{}_4 = c_1\phi_{2s} + c_2(-\phi_{2p_x} - \phi_{2p_x} + \phi_{2p_x}) \tag{2.5d}$$

これら四つの波動関数は空間的な方向を除いて等価であり，互いに規格直交す

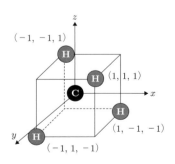

図 2.19 CH_4 分子の原子配置図

る関数であるから，c_1 と c_2 は以下の式を満たす.

規格化条件　$\langle \psi^{sp^3}{}_1 | \psi^{sp^3}{}_1 \rangle = c_1{}^2 + 3c_2{}^2 = 1$　　　　　　(2.6a)

直交条件　　$\langle \psi^{sp^3}{}_1 | \psi^{sp^3}{}_2 \rangle = c_1{}^2 - c_2{}^2 = 0$　　　　　　(2.6b)

これらの条件から，$c_1 = c_2 = 1/2$ となる. このような sp^3 混成軌道は，正四面体の頂点方向に膨らみをもち，互いの軌道間の軸がなす角度は $109.5°$ である. CH_4 分子では，C 原子の sp^3 混成軌道に H 原子の 1s 軌道が重なることで四つの等価な σ 結合が形成され，分子形が正四面体形になると説明できる. また，CH_4 分子と同様に，sp^3 混成軌道を用いてその分子形を説明できる分子として，NH_3 や H_2O 分子がある.

VB 理論では，いろいろな分子形を説明するために分子形に応じた混成軌道が用いられる. たとえば，$BeCl_2$ やアセチレン(HC≡CH)分子では sp 混成軌道を考えることによってその直線形を説明できる. 2s 軌道と一つの 2p 軌道($2p_x$ 軌道とする)の線形結合によって二つの sp 混成軌道が形成され，それらの波動関数は以下のように記述できる. なお，係数は規格直交条件を満たすためのものである.

$$\psi^{sp}{}_1 = \frac{1}{\sqrt{2}}(\phi_{2s} + \phi_{2p_x}) \tag{2.7a}$$

$$\psi^{sp}{}_2 = \frac{1}{\sqrt{2}}(\phi_{2s} - \phi_{2p_x}) \tag{2.7b}$$

これら二つの混成軌道は互いに $180°$ の方向を向いており，結合相手の原子の軌道と重なることで直線状に σ 結合を形成する. また，$BeCl_2$ 分子では Be 原子の $2p_y$ と $2p_z$ 軌道は空軌道なので結合に寄与しないが，アセチレン分子では C 原子の $2p_y$ と $2p_z$ 軌道にも電子が入っている. これらの電子は，隣り合う C 原子と二つの π 結合を形成するのに用いられる. ゆえにアセチレン分子の C−C 間には，sp 混成軌道による一つの σ 結合と，$2p_y$ と $2p_z$ 軌道による二つの π 結合があり，三重結合が形成される.

次に sp^2 混成軌道の波動関数を式(2.8)に示す.

$$\psi^{sp^2}{}_1 = \sqrt{\frac{1}{3}}\,\phi_{2s} + \sqrt{\frac{2}{3}}\,\phi_{2p_x} \tag{2.8a}$$

$$\psi^{sp^2}{}_2 = \sqrt{\frac{1}{3}}\,\phi_{2s} - \sqrt{\frac{1}{6}}\,\phi_{2p_x} + \sqrt{\frac{1}{2}}\,\phi_{2p_y} \tag{2.8b}$$

$$\psi^{sp^2}{}_3 = \sqrt{\frac{1}{3}}\,\phi_{2s} - \sqrt{\frac{1}{6}}\,\phi_{2p_x} - \sqrt{\frac{1}{2}}\,\phi_{2p_y} \tag{2.8c}$$

(a) sp 混成軌道　　　(b) sp² 混成軌道　　　(c) sp³ 混成軌道
　　(直線形)　　　　　　　　(平面三角形)　　　　　　　(正四面体形)

図 **2.20**　(a)sp, (b)sp², (c)sp³ 混成軌道の概形図

　これら三つの sp² 混成軌道は，同一平面内で互いに 120° ずれた方向に位置する．たとえば，BF_3 分子では B 原子の三つの sp² 混成軌道が，各 F 原子において 1 個しか電子の入っていない 2p 軌道とそれぞれ重なることで三つの σ 結合が形成されると考えると，その平面三角形の分子形を説明できる．このとき B 原子の一つの 2p 軌道は空軌道のままである．エチレン(2H−C＝C−2H)分子では C 原子の三つの sp² 混成軌道が，2 個の H 原子の 1s 軌道および隣り合う C 原子の sp² 混成軌道の一つと重なることで，三つの σ 結合を形成する．さらに，C 原子の残りの 2p 軌道に入った電子が隣り合う C 原子と π 結合を一つ形成するので，C−C 原子間は二重結合となる．エチレンの平面形は，C 原子が sp² 混成軌道であることと C−C 間が二重結合であることで説明できる．図 2.20 に，s と p 軌道から成る混成軌道の概形図を示す．

　形成される混成軌道の数は，波動関数の線形結合に含まれる原子軌道の数の和に等しい．たとえば sp³ 混成軌道では，上述のように一つの s 軌道と三つの p 軌道の線形結合なので，混成軌道の数は 4 個である．なお，VB 法は s 軌道や p 軌道と同様に d 軌道も混成に含めることで，中心原子が 4 個以上の隣接原子をもつ分子の形状を説明するのに有効である．表 2.3 に s, p, d 軌道によって構成される混成軌道の種類とその配置の例を示す．

2.3.3　MO 理 論

　分子軌道理論(MO 理論)では，2.2 節で述べたように，分子内の電子は分子全体に広がった分子軌道に属していると考え，Pauli の排他原理，構成原理，Hund 則に従って電子を分子軌道に入れていくことで分子モデルを構築する．分子では

表 2.3 混成軌道の種類とその配置の例

混成軌道の種類	混成軌道の配置	配位数	混成軌道の種類	混成軌道の配置	配位数
sp, pd, sd sd	直線形 折れ線形	2	sp^3d, spd^3 sp^2d^2, sd^4, pd^4, p^3d^2 p^2d^3	三方両錐形 四方錐形 平面五角形	5
sp^2, p^2d spd pd^2	平面三角形 非対称平面形 三方錐形	3	sp^3d^2 spd^4, pd^5 p^3d^3	八面体形 三角柱形 三方逆プリズム形	6
sp^3, sd^3 spd^2, p^3d, pd^3 p^2d^2, sp^2d	正四面体形 歪んだ四面体形 平面四角形	4			

Schrödinger 方程式を厳密に解くことが困難であるため，下式で表される LCAO 近似を行い，分子軌道を組み立てる．

$$\psi = \sum_i c_i \phi_i \tag{2.9}$$

　ここで，ψ は分子軌道，ϕ_i は原子軌道，c_i は規格化係数である．

　多原子分子の分子形は，MO 理論による Walsh ダイアグラムを用いて予測することができる．**Walsh ダイアグラム**とは，分子軌道のエネルギーが結合角の変化に伴ってどのように変化するかをプロットした軌道相関図のことである．簡単な多原子分子の例として，第 2 周期元素 X の XH_2 分子について Walsh ダイアグラムから分子形を予想する方法を説明する．XH_2 型の分子に関する Walsh ダイアグラムを図 2.21 に示す．

　直線形分子の場合，すなわち H−X−H 間の結合角が 180° のとき，分子軌道 (σ_g, σ_u, π_u) は，

$$\psi_{\sigma_g} = c_1 \phi_{2s} + c_2 \chi_+ \tag{2.10a}$$

$$\psi_{\pi_u} = \phi_{2p_x} \quad および \quad \phi_{2p_y} \tag{2.10b}$$

$$\psi_{\sigma_u} = c_3 \phi_{2p_z} + c_4 \chi_- \tag{2.10c}$$

と表される．ここで結合軸を z 軸方向としている．なお，2 個の H 原子の 1s 軌道は，群軌道 (χ_+ および χ_-) として表した．X 原子の 1s 軌道は他の原子軌道に比べてエネルギーが著しく低いので，結合にはほとんど関与しないことから，上式および図 2.21 には記していない．一方，折れ線形の分子における分子軌道

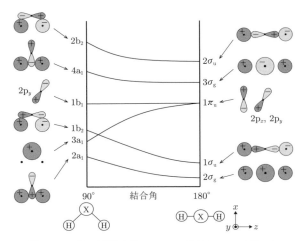

図 2.21 第2周期元素 X の XH_2 分子について描いた
Walsh ダイアグラム概形図と分子軌道の形

(a_1, b_1, b_2) は,

$$\psi_{a_1} = c_1\phi_{2s} + c_2\phi_{2p_x} + c_3\chi_+ \tag{2.11a}$$

$$\psi_{b_1} = \phi_{2p_y} \tag{2.11b}$$

$$\psi_{b_2} = c_4\phi_{2p_z} + c_5\chi_- \tag{2.11c}$$

である. 分子軌道の表記に a_1 や b_1 という記号を用いているが, これらは分子軌道の対称性を表すものである[2]. なお, 式(2.10)と式(2.11)における規格化係数 (c_1 から c_5) は, 同じものではない. a_1 と表記された分子軌道は式(2.11a)からわかるように, X 原子の 2s および $2p_x$, H 原子の群軌道が相互作用することによって形成される. 90°屈曲した折れ線形分子の場合, $3a_1$ 軌道は主に X 原子の 2s 軌道によって形成された結合性軌道であり, 結合角の変化に伴ってエネルギーが大きく変化する. b_2 は X 原子の $2p_z$ 軌道と H 原子の群軌道の相互作用によるものであるから, $1b_2$ では直線形の場合に波動関数の重なりが最も大きく安定化する. また, $1b_1$ は X 原子の $2p_y$ による非結合性軌道であり, H 原子の群軌道との重なりをもたない.

　XH_2 分子が折れ線形か直線形であるかどうかを予測するためには, Walsh ダ

イアグラムを用いて HOMO のエネルギーがどのように変化するかを調べる。HOMO のエネルギー変化が小さい場合には，HOMO に最も近い被占軌道のエネルギー変化を調べることで，安定な分子形を予測できる。BeH_2 と H_2O 分子の分子形では 2.2.2 項で示したように，それぞれ直線形，折れ線形が安定である。CH_2 分子では，分子形が直線形だとすると HOMO は $1\pi_u$ 軌道にあり，折れ線形に屈曲していくと $3a_1$ 軌道に向かって変化し，エネルギーが低下する。すなわち，CH_2 分子は折れ線形である。同様の考察によって BH_2，NH_2 は折れ線形と予測できる。表 2.4 は実測された XH_2 分子の結合角であり，Walsh ダイアグラムからの予想と一致している。

　同様に，XH_3 型分子の分子形を考察する。XH_3 型の代表的な分子には NH_3，BH_3，CH_3^-，H_3O^+ などがあり，分子形は平面三角形もしくは三角錐形である。結合には X 原子の 2s および 2p 軌道と H 原子の 1s 軌道が寄与し，X 原子の 1s 軌道はエネルギーが低いのでほとんど寄与しない。3 個の H 原子の 1s 軌道から構成される群軌道(χ)は図 2.22 (a)のように描かれ，これらは規格直交条件を満たす。平面三角形における分子軌道は，H 原子の群軌道と X 原子の 2s および 2p 軌道によって下記のように表される。

$$\psi_{a_1'} = c_1\phi_{2s} + c_2\chi_a \tag{2.12a}$$

$$\psi_{a_2'} = \phi_{2p_x} \tag{2.12b}$$

$$\psi_{e'} = c_3\phi_{2p_y} + c_4\chi_b \quad および \quad c_5\phi_{2p_z} + c_6\chi_c \tag{2.12c}$$

　一方，三角錐形での分子軌道は，

$$\psi_{a_1} = c_1\phi_{2s} + c_2\phi_{2p_x} + c_3\chi_a \tag{2.13a}$$

$$\psi_e = c_4\phi_{2p_y} + c_5\chi_b \quad および \quad c_6\phi_{2p_z} + c_7\chi_c \tag{2.13b}$$

である。図 2.22 (b)に平面三角形と三角錐形での定性的な分子軌道エネルギー準位図を示す。実際のエネルギー準位の位置は，詳細な計算をするか光電子スペクトル測定などによって実測する必要がある。分子形が平面三角形から三角錐形に変形する場合のエネルギー変化に注目すると，平面三角形において非結合性軌道であった $1a_2''$ が屈曲によって H 原子の群軌道と相互作用し，安定化する。この軌道を HOMO にもつ NH_3，CH_3^-，H_3O^+ 分子では，三角錐形がエネルギー的に安定な構造と予想でき，実際にこれらの分子は三角錐形である。

　このように Walsh ダイアグラムを用いることで定性的に分子形を予想できるが，定量的な結合角を予想するためには詳しい分子軌道計算が必要である。

表 **2.4** XH₂分子の結合角の実測値

BeH₂	BH₂	CH₂	NH₂	H₂O
180°	131°	136°	103°	105°

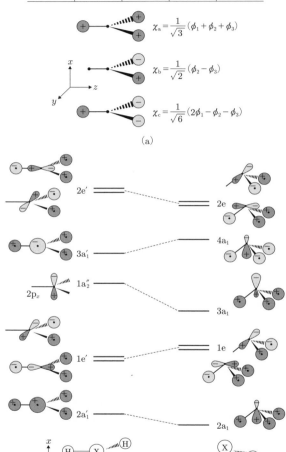

$$\chi_a = \frac{1}{\sqrt{3}}(\phi_1 + \phi_2 + \phi_3)$$

$$\chi_b = \frac{1}{\sqrt{2}}(\phi_2 - \phi_3)$$

$$\chi_c = \frac{1}{\sqrt{6}}(2\phi_1 - \phi_2 - \phi_3)$$

(a)

(b)

図 **2.22** (a)3個のH原子の1s軌道から構成される群軌道と，(b)XH₃型分子が平面三角形と三角錐形の場合の分子軌道エネルギー準位図

3 固体の構造

　無機固体のさまざまな性質はその結晶構造と密接な関係がある．本章では，無機固体の結晶構造がどのように示されるか，また，どのような原理で結晶構造が定まるのかを述べ，次に代表的な結晶構造について紹介する．なお，構造の対称性の包括的表記や格子欠陥を含めた物性との相関については，工学教程"無機化学Ⅲ"を参照されたい．

3.1　結晶の構造

3.1.1　結晶格子

　結晶では，原子，イオン，あるいは分子のような構造単位が3次元に規則正しく周期配列されている．それらを点とみなしたとき，3次元に反復する点が格子点であり，格子点を結んで形成されたものが格子である．**単位格子**(単位胞ともいう)は格子点を結んでできる最小の平行六面体であり，この六面体の平行移動(並進)によってすべての格子点を表すことができる[*1]．単位格子の大きさと形を定義するのに用いられる長さ(軸長：a，b，c)と角度(軸角：α，β，γ)を格子定数とよぶ．通常は，図3.1に示すようにa軸とb軸のなす角をγ，のようにとる．単位格子はいくつかのとり方ができるが，一般には最も対称性が良く最小となるように選ばれる．単位格子の軸長と軸角の相互の関係から，表3.1に示す7種の結晶系が導かれる．

　また結晶は，単位格子中にある等価な格子点の位置により，以下の格子型に分けられる．ここで，多重度とは単位格子中に含まれる格子点の個数である．

[*1]　単位格子は同一平面上にない最小のベクトル(基本並進ベクトル)a，b，cで表される．通常はこれらのベクトルの方向を結晶軸に選ぶ．軸長は各ベクトルの大きさ(絶対値)である．$r = n_1 a + n_2 b + n_3 c$で与えられる3次元空間の点配列を空間格子とよび，各点が格子点である．ここでn_1，n_2，n_3は任意の整数である．結晶構造は，原子，イオンの配置が指定された単位格子を，並進操作rにより繰り返し描いたものと考えてよい．ただし，単純格子以外では$n_1 \sim n_3$は整数とは限らない．たとえば体心立方格子では，体心位置は原点$(0, 0, 0)$を$(1/2, 1/2, 1/2)$に移動させることに等しい．

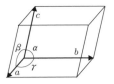

図 3.1　単位格子と格子定数

表 3.1　7 結晶系と格子定数

晶　　系	格子定数	軸長の関係	軸角の関係	Bravais 格子
立方晶系	a	$a=b=c$	$\alpha=\beta=\gamma=90°$	P, F, I
六方晶系	$a\ c$	$a=b\ne c$	$\alpha=\beta=90°,\ \ \gamma=120°$	P
菱面体晶系	$a\ \alpha$	$a=b=c$	$\alpha=\beta=\gamma\ne90°$	$R(P)$
正方晶系	$a\ c$	$a=b\ne c$	$\alpha=\beta=\gamma=90°$	P, I
斜方晶系	$a\ b\ c$	$a\ne b\ne c$	$\alpha=\beta=\gamma=90°$	$P, F, I, C(A, B)$
単斜晶系	$a\ b\ c\ \beta$	$a\ne b\ne c$	$\alpha=\gamma=90°,\ \ \beta\ne90°$	$P, C(A, B)$
三斜晶系	$a\ b\ c\ \alpha\ \beta\ \gamma$	$a\ne b\ne c$	$\alpha\ne\beta\ne\gamma$	P

① 単純格子(記号 P, 多重度 1)

　　等価な点は単位格子をつくる 8 個の格子点のみにある.

② 面心格子(記号 F, 多重度 4)

　　単純格子の等価点に加えて, 各面の中心にも等価な点がある.

③ 底心(底面心)格子(記号 A, B, C の何れか, 多重度 2)

　　単純格子の等価点に加えて, 相対する一対の側面にも等価な点がある.

④ 体心格子(記号 I, 多重度 2)

　　単純格子の等価点に加えて, 単位格子の中心にも等価な点がある.

　これらの 7 結晶系と格子型とから, 図 3.2 に示す 14 種の格子が得られる. Bravais が導いたため **Bravais**(ブラベ)**格子**とよばれ, すべての結晶はそのどれかを基礎としている[*2].

---

　　　*2　結晶構造を正確に表すには, その結晶(単位格子)を表す対称性の要素の組合せ(対称操作)を示す点群, および 3 次元の格子全体を表すための並進操作や対称操作を示す空間群を用いることが有効である. 詳細は工学教程 "無機化学Ⅲ" 参照.

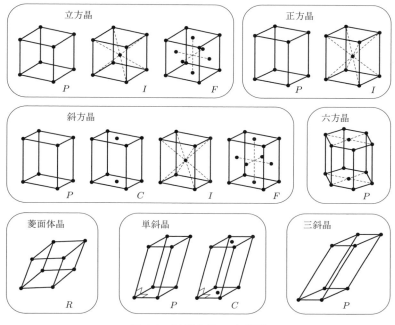

図 **3.2**　14 種の Bravais 格子

3.1.2　球の最密充塡

　金属結晶やイオン結晶では金属原子やイオンを剛体球として表すことができる．方向性をもつ共有結合の要素がなければ，これらの球は幾何学的に許される範囲で密に充塡した構造をとる．

　まず，同一サイズの球の充塡を考える．球を 1 層に配列すると一つの球の周りに 6 個の球が存在する．この第 1 層（A 層）の球の間のくぼみに球を乗せていくと第 2 層（B 層）ができる．このとき，第 1 層のくぼみの半分が第 2 層の球で占められている．第 3 層の球を乗せるとき，図 3.3 に示すように，第 2 層のくぼみには第 1 層の球の真上と真上でない位置の 2 種がある．すなわち，第 3 層には A 層と C 層の 2 種が可能である．ABAB…の層の配列では六角柱型の構造ができ（図 3.4 (a)），これを**六方最密充塡**（hexagonal closest packing: hcp）とよぶ．

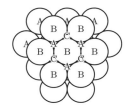

図 **3.3**   球の充填
第2層(A, B層)まで球を重ねた図.
第3層の球の乗る位置を, A, C で示す.

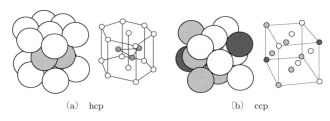

(a) hcp   (b) ccp

図 **3.4**   (a)六方最密充填(hcp)と, (b)立方最密充填(ccp)

ABCABC…の層の配列は立方晶単位格子に対応するので(図3.4(b)), **立方最密充填**(cubic closest packing: ccp)とよぶ. 図3.4(b)から, ccp構造は面心立方格子であることがわかる. 同一サイズの球の最密充填では球の配位数(最も近接する球の数)は12である. また, 球の占める体積比率はhcpとccpで同じになる.

 陽イオンと陰イオンから成るイオン結晶では, Coulomb力により両イオンが引き合い, ある距離で反発エネルギーと釣り合い, 安定な状態になる. そのため, 幾何学的な配置は両イオンの数の比(イオン価数により定まる)と陽陰イオンのイオン半径比でほぼ定まる. 幾何学的配置を決める前提として次の条件がある.

① 陽イオンはその周りの陰イオンのどれとも接触する.
② 配位数をできるだけ大きくする.
③ 陽イオンの周囲の陰イオンは互いの反発を最小にするように配列する.

(a) 平面3配位
$r_A/r_X = 0.155$

(b) 正四面体4配位
$r_A/r_X = 0.225$

(c) 正八面体6配位
$r_A/r_X = 0.414$

(d) 立方体8配位
$r_A/r_X = 0.732$

(e) 最密12配位
$r_A/r_X = 1.000$

図 **3.5** 配位多面体の配位数とイオン半径比

　一般には陰イオンのほうが陽イオンより大きいため，上記の条件を満たすには，密充填した陰イオンの隙間に陽イオンが位置する構造となる．陽イオンの陰イオンに対する配位数が 3，4，6，8，12 の場合の配位多面体の配置を図 3.5 に示す．陽イオンと陰イオンがすべて接触する理想的な場合，イオン半径比 r_A/r_X（r_A，r_X はそれぞれ陽イオン半径，陰イオン半径）は図中に示した値となる．

　実際のイオン結晶ではイオン半径比が理想的な値になることは非常に少ない．その場合，イオン半径比が理想的な値よりも大きい（陽イオンが陰イオンの隙間より大きい）ほうが，理想的値より小さい場合よりも安定となる．そのため，たとえば r_A/r_X が 0.414（6 配位での理想値）以上，0.732（8 配位での理想値）未満の範囲にあれば 6 配位をとるようになる．

3.2　構造を決める原理

3.2.1　Pauling 則

　イオン結晶の構造を決める原理について，Pauling は 5 項目の規則をまとめている．ここではとくに重要な第 1 則，第 2 則について説明する．ただし，これらの規則ではイオン結合性の結晶を対象とし，イオン半径が大きな陰イオンと小さ

な陽イオンが前提になっている.

第1則　配位多面体の性質

陰イオンは陽イオンの周囲に位置して配位多面体を形成する. その際, 陽イオンと陰イオンの距離はイオン半径の和によって決定され, 配位数は陽イオンと陰イオンのイオン半径比によって決定される.

この内容は, 前項で示した, 陰イオン間隙への陽イオンの配置と配位数がイオン半径比により決まることの基本を述べたものである. すなわち, 幾何学的に無理のない構造が安定であることを意味している.

第2則　静電子価則

安定なイオン結晶の構造中では, 各陰イオンの原子価の絶対値は隣接陽イオンからその陰イオンへの静電結合の強さに等しいか, あるいはほとんど等しい.

ここで, 静電結合の強さ s は次式で表される.

$$s = z/n \tag{3.1}$$

ここで, z は陽イオンの価数, n はその陽イオンに配位している陰イオンの数である. 陰イオンの原子価の絶対値を S とすると次式になる.

$$S = \sum_i s_i = \sum_i z_i/n_i \tag{3.2}$$

第2則は, 構造中で電気的に中性を保つ構造が安定であることを示している. たとえば, NaClにおいては, Na^+ の周囲には Cl^- が6個存在するので $s = 1/6$ であり, Cl^- も Na^+ と6配位しているので $S = 6(1/6) = 1 = |-1|$ であり, 式(3.2)が成り立っている. また, TiO_2(ルチル型構造)では, Ti^{4+} は O^{2-} に6配位しているので $s = 4/6$, O^{2-} は $S = |-2| = 2 = \Sigma(4/6)$ であるので Ti^{4+} に3配位することが予想され, 実際にもそうなっている.

3.2.2　格子エンタルピー

化合物は, その自由エネルギーが最も低くなる構造をとろうとする. 固体MXが次の反応で形成するとき, ある結晶構造Aへの標準モルGibbs(ギブズ)(自由)エネルギー変化 $\Delta G°$ が他の構造への $\Delta G°$ よりも負であれば, Aの構造となることが期待される.

$$M^+(g) + X(g)^- \longrightarrow MX(s) \tag{3.3}$$

なお, 自由エネルギー変化にはエントロピー項も含まれるが, 同じ組成ならば

気相から固相へのエントロピー変化は同程度であり，通常はエンタルピー変化で比較する（厳密には，絶対温度0Kのときにエントロピー変化が無視できる）．

格子エンタルピー ΔH_L とは，式(3.4)の固体が解離して気体のイオンになる反応の標準モルエンタルピー変化のことをいう（単に格子エネルギーともよぶ）．

$$MX(s) \longrightarrow M^+(g) + X(g)^- \qquad \Delta H_L \qquad (3.4)$$

気相のほうが高いエンタルピーをもつため ΔH_L の値は正となり，この値が大きいほど固体のエンタルピーは低く安定となる．すなわち，格子エンタルピーが最も大きな結晶構造が最も安定といえる．

格子エンタルピーをイオン結晶のCoulombポテンシャルエネルギーから考える．距離 r（イオン中心間距離とする）だけ離れた電荷 Z_Ae と Z_Be の2個のイオン間のCoulombエネルギー U_a は，

$$U_a = \frac{Z_A Z_B e^2}{4\pi\varepsilon_0 r} \qquad (3.5)$$

で与えられる．ここで ε_0 は真空中の誘電率，e は電気素量である．Coulombエネルギーは陰陽イオン間では負（引力）であり，同符号のイオン間では正（反発力）となる．

NaCl型構造におけるCoulombエネルギーを例にあげる．図3.6に示すように，Na^+ と Cl^- の最短距離すなわち両者のイオン半径の和を r とすると，一つの Na^+ の周囲には距離 r のところに6個の Cl^- が位置している．さらに，距離 $\sqrt{2}r$ に12個の Na^+，距離 $\sqrt{3}r$ に8個の Cl^- …という構造になっている．これより，中心の Na^+ のCoulombエネルギー U_a は，$Z_A = 1$，$Z_B = -1$ を入れると，

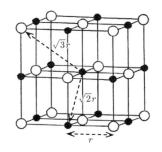

図 3.6 NaCl型構造
●：陽イオン，○：陰イオン

表 **3.2** 結晶構造と Madelung 定数

結晶構造	Madelung 定数	結晶構造	Madelung 定数
NaCl 型	1.7475	ホタル石型	5.0387
CsCl 型	1.7626	ルチル型	4.816
閃亜鉛鉱型	1.6381	コランダム型	25.031
ウルツ型	1.641		

$$U_a = -\frac{e^2}{4\pi\varepsilon_0 r}\left(6 - \frac{12}{\sqrt{2}} + \frac{8}{\sqrt{3}} - \frac{6}{2} + \frac{24}{\sqrt{5}} - \cdots\right) \tag{3.6}$$

となる．（　）内は収束の悪い級数であるが 1.7475 に収束する．この値は NaCl 型の結晶構造をもつ化合物に共通の値となる．このような級数の計算は他の結晶構造においても可能であり，その値 M は**Madelung**（マーデルング）**定数**とよばれる．その例を表 3.2 に示す．結晶全体の Coulomb エネルギーは通常 1 mol についての値を取り扱うため，Avogadro（アボガドロ）定数 N_A を乗じて，

$$U_a = \frac{N_A M Z_A Z_B e^2}{4\pi\varepsilon_0 r} \tag{3.7}$$

と示される．

　陰陽両イオンが Coulomb エネルギーにより接近してくると，電子雲の重なり合いによる反発のエネルギー U_r がはたらき，ある距離までしか接近できない．この反発エネルギーにはいくつかの近似式があるが，代表的なものは，

$$U_r = B e^{-r/\rho} \tag{3.8}$$

の形で示される．ここで B, ρ は定数である．ρ は圧縮率に関連した定数で，アルカリ金属ハロゲン化物ではほぼ 34.5×10^{-12} m の値をとることが知られている．イオン結晶のエネルギーは U_a と U_r の和より，

$$U = \frac{N_A M Z_A Z_B e^2}{4\pi\varepsilon_0 r} + B e^{-r/\rho} \tag{3.9}$$

となる．各エネルギーをイオン間距離 r に対して示したものが図 3.7 である．イオン結晶のエネルギーはある距離で最小値となり，この距離 r_0 は，$dU/dr = 0$ となる r として求められる．この r_0 を式 (3.9) に代入して整理することにより，次式が得られる．

$$U_0 = \frac{N_A M Z_A Z_B e^2}{4\pi\varepsilon_0 r_0}\left(1 - \frac{\rho}{r_0}\right) \tag{3.10}$$

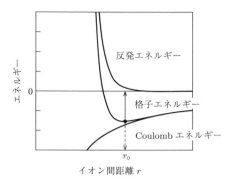

図 3.7　各エネルギーのイオン間距離による変化

式 (3.10) は Born-Mayer (ボルン・マイヤー)式とよばれる.

また, 反発エネルギー U_r を式 (3.11) で示す場合, 同様な方法により式 (3.12) で示す U_0 が求められ, この式は Born-Lande (ボルン・ランデ)式とよばれる. ここで n は Born 指数とよばれ, 物質により $6 \leqq n \leqq 12$ の値をとる.

$$U_r = \frac{N_A B e^2}{r^n} \tag{3.11}$$

$$U_0 = \frac{N_A M Z_A Z_B e^2}{4\pi\varepsilon_0 r_0}\left(1 - \frac{1}{n}\right) \tag{3.12}$$

このようにして得られる U_0 は, 気体のイオンからイオン結晶になるときのエネルギー変化であるため, これにマイナスの符号を付ければ格子エンタルピー ΔH_L(正の値をとる)に相当する.

格子エンタルピーを直接知ることは難しいが, 間接的に **Born-Haber**(ボルン・ハーバー)**サイクル**を用いて見積もることができる. NaCl のサイクルの模式図を図 3.8 に示す. サイクルのそれぞれの過程におけるエネルギー変化は, Na (s) と $1/2\ Cl_2$(g) から NaCl(s) となる反応の生成エンタルピー ΔH_f, NaCl(s) を Na^+(g) と Cl^-(g) とする格子エンタルピー ΔH_L, Na(s) の昇華熱 ΔH_s, Cl_2 の解離エネルギー ΔH_D, Na の第 1 イオン化エネルギー E_I, Cl の電子親和力 E_A である. 添え字 s, g はそれぞれ固体, 気体を示す. このサイクルを 1 周するとエネルギー和は 0 であるため, これらの関係は,

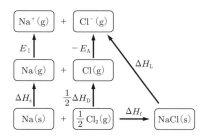

図 3.8 NaCl の Born-Haber サイクル

$$\Delta H_f = \Delta H_s + \frac{1}{2}\Delta H_D + E_I - E_A - \Delta H_L \tag{3.13}$$

となる．ΔH_L 以外の値は実験的に求められており，それらは，$\Delta H_f = -411$，$\Delta H_s = 108$，$\Delta H_D = 243$，$E_I = 495$，$E_A = 349$（単位は何れも kJ mol^{-1}）である．これらから，$\Delta H_L = 787\,$kJ mol^{-1} が得られる．この値は，$r_0 = 281\,$pm を用いて Born-Mayer 式から算出される $759\,$kJ mol^{-1}（$\rho = 34.5\,$pm を使用），Born-Lande 式から算出される $770\,$kJ mol^{-1}（$n = 8$ を使用）とよく一致している．

3.3　代表的な結晶構造

　以下に，組成によって分類した代表的結晶構造を述べる．二元系化合物での結晶構造を組成ごとに示したものが表 3.3 である．表中および本文中で，M は陽イオン，X は陰イオンを示し，配位数をたとえば 6：4 と記した場合は，前者（6）は陽イオンの陰イオンに対する配位数，後者（4）は陰イオンの陽イオンに対する配位数を表す．

3.3.1　一　元　系

a.　ダイヤモンド型

　図 3.9 に構造を示す．この構造では ccp の格子とその隙間の 4 配位空間の半分を原子が占めている．炭素間の sp^3 混成軌道から成る σ 結合による共有結合をしており，4 配位の疎な充填をしている．結合力がたいへん強い，等方性結晶の典型である．

表 **3.3** 組成と典型的な結晶構造
M：陽イオン，X：陰イオン

組成	配位数	結晶構造	組成	配位数	結晶構造
MX	4：4	閃亜鉛鉱型	M_2X	4：8	逆ホタル石型
MX	4：4	ウルツ鉱型	M_2X	2：4	赤銅鉱型
MX	6：6	NaCl 型	M_2X_3	6：4	コランダム型
MX	8：8	CsCl 型	M_2X_3	6：4	希土類 C 型
MX_2	4：2	β-クリストバライト型	M_2X_3	7：≈4	希土類 A 型
MX_2	6：3	ルチル型			
MX_2	8：4	ホタル石型			

M_2X_5，MX_3 等は省略.

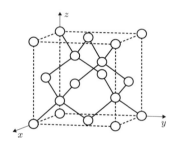

図 **3.9** ダイヤモンド型構造

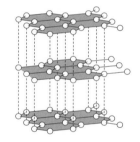

図 **3.10** グラファイト型構造

b. グラファイト型

　図 3.10 に構造を示す．sp^2 混成軌道により炭素原子は互いに σ 結合し，かつ残りの p 電子が π 結合して，炭素六員環を形成する．層間は van der Waals（ファンデルワールス）力で結合しており，層間距離が大きく（炭素の van der Waals 半径の和にほぼ等しい），層間にはたらく力は非常に弱い．代表的な 2 次元的結晶である．

3.3.2 MX 系

　陽イオンと陰イオンが同数のため，陽イオンが陰イオンを n 配位していれば，陰イオンも陽イオンを n 配位している．4：4 配位，6：6 配位，8：8 配位がある.

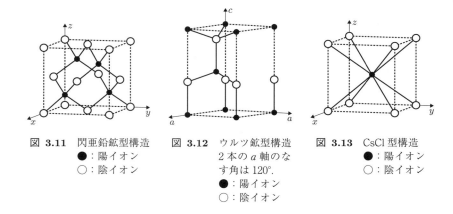

図 3.11 閃亜鉛鉱型構造
●：陽イオン
○：陰イオン

図 3.12 ウルツ鉱型構造
2 本の a 軸のな
す角は 120°.
●：陽イオン
○：陰イオン

図 3.13 CsCl 型構造
●：陽イオン
○：陰イオン

a. 閃亜鉛鉱型　4：4 配位　立方晶系

図 3.11 に構造を示す．陰イオンは ccp の形式で配列しており，その 4 配位空間の半分を陽イオンが占めている．この構造で陽イオン，陰イオンの両方を C 原子で置き換えるとダイヤモンド型構造となる．共有結合性が強く sp³ 混成軌道をとりやすいものは，イオン半径比が 4 配位の値から多少ずれていてもこの構造をとりやすい．

b. ウルツ鉱型　4：4 配位　六方晶系

図 3.12 に構造を示す．陰イオンは hcp の形式で配列しており，その 4 配位空間の半分を陽イオンが占めている．また，hcp 構造の単位格子の原点に M と X を重ね，X のみを c 軸方向に移動させたものとみることができる．閃亜鉛鉱型と同様に，共有結合性が比較的強いイオンによる化合物にこの構造をとるものが多い．

c. NaCl 型　6：6 配位　立方晶系

図 3.6 に示したように，陰イオンが ccp 形式に配列しており，その 6 配位空間のすべてを陽イオンが占めている．

d. CsCl 型　8：8 配位　立方晶系

図 3.13 に構造を示す．体心立方(body centered-cubic：bcc)構造の半数を陽イ

オン，半数を陰イオンとしたものである．イオン半径比の大きなものがこの構造
をとるが，酸化物には例がない．

3.3.3　MX₂系

この構造では陰イオンが陽イオンの2倍あるため，配位数は$2n:n$となり
$n=2\sim4$のものが知られている．

a.　β-クリストバライト型　4：2配位　立方晶系

SiO_2がこの構造をとる代表例であり，図3.14のように構造は閃亜鉛鉱型に類
似している．SiO_4四面体を一つの原子として扱うと，それが閃亜鉛鉱型の陽イ
オンの位置を，Si が陰イオンの位置を占める．Si は C と同様にsp^3混成軌道に
より4配位になりやすく，SiO_4四面体の積み重ねで全体が構成されているとみ
てよい．別な見方では，ダイヤモンド型構造の C 位置に Si をおき，二つの Si の
中間に O を入れた構造ともみることができる．ただし，実際の Si－O－Si の結
合角は約140°と180°からずれており，Si－O 距離もすべてが等しくはない．

b.　ルチル型　6：3配位　正方晶系

この構造は，図3.15のように，M がつくる正方格子の体心位置にMX_6八面体
があり，それらは頂点共有により歪んだ3次元的な連結をしている．M－O 距離
には2通りがあるが，酸化物やフッ化物の正方ルチル型ではこの距離はほとんど

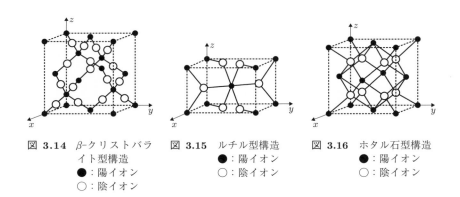

図 3.14　β-クリストバラ
イト型構造
●：陽イオン
○：陰イオン

図 3.15　ルチル型構造
●：陽イオン
○：陰イオン

図 3.16　ホタル石型構造
●：陽イオン
○：陰イオン

一致している.

c. ホタル石型　8：4配位　立方晶系

　図 3.16 に示すように，M は ccp 格子位置を占め，X はそのすべての 4 配位空間を占める．MX_8 立方体どうしは稜を共有して連結している．また，bcc の半分を陽イオン M，半分を陰イオン X とした CsCl 型から，電気的中性を保つためにその半分の M を取り除いた構造ともいえる．この構造では ccp の 6 配位空間(図 3.16 の立方体の中央部)が空となっている．このため，X のイオンが正規の位置から抜けてこの隙間に入りやすくなり，X は動きやすい．安定化ジルコニア[*3]はこの構造をとり，酸化物イオン伝導体として知られている.

3.3.4　M_2X 系

　MX_2 と逆に，配位数は $n:2n$ で，n が 2，4 のものが知られている.

a. 逆ホタル石型　4：8配位　立方晶系

　上記のホタル石型構造の M と X を交換したものである．X が ccp 形式に配列しており，その 4 配位位置すべてに M が配置されている.

3.3.5　M_2X_3 系

　この構造では組成から配位関係は $3n:2n$ となり，M の配位数が 6 のもの($n=2$)と 7 のものがある.

a. コランダム型　6：4配位　六方晶系

　図 3.17 に示すように，X がほぼ hcp に配列し，M はその 6 配位空間の 2/3 を占める．M が占めていない空位は均等に配列されており，c 軸に垂直方向から見ると，隣り合った二つの M と一つの空位が規則的に並んだ層が 6 層積み重なり，単位格子となっている．この型の構造は酸化物にしかみられず，その代表である

---

　*3　立方晶 ZrO_2 は高温型であり，低温では歪んだ正方晶，単斜晶となる．CaO や Y_2O_3 を固溶させて高温型を室温まで安定化したものを安定化ジルコニアとよぶ.

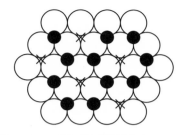

図 3.17　コランダム型構造にお
ける陽イオンの配列
●：陽イオン，○：陰イオン，
×：空位

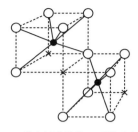

図 3.18　希土類酸化物 C 型構造（一部）
●：陽イオン，○：陰イオン，
×：空位

α-Al_2O_3 は，熱的・化学的に安定で優れた機械的特性と電気的特性（絶縁性）を示すため，さまざまな応用に用いられている．

b.　希土類酸化物 C 型　6：4 配位　立方晶系

　この構造はホタル石型構造から誘導される．すなわち，図 3.18 に示すように，ホタル石型構造の X の 3/4 を酸化物イオンとし，1/4 を空位にするとこの構造となる．空位を均等に配列するために繰返し周期が長くなり，単位格子はホタル石型の 2 倍になっている．なお，希土類酸化物の A 型と B 型は，イオン半径が比較的大きな希土類元素イオンの酸化物にみられ，希土類酸化物 C 型が歪んだ構造で M が 7 配位になっている．

3.3.6　複酸化物系

　2 種類の陽イオンから成る酸化物で，物性面，とくに電気的物性は多様で，誘電性・磁性など実用的に重要なものも多い．

a.　イルメナイト型　組成：ABO_3

　この構造は，コランダム型構造から導くことができ，Al_2O_3 の 2 個の 3 価陽イオンを 2 価と 4 価，あるいは 1 価と 5 価の 2 種の陽イオンで置換したものである．図 3.19 は，コランダム型とイルメナイト型の構造を c 軸に垂直方向から見た模式図である．コランダム型構造中の M 位置を，A と B の 2 種類の陽イオン

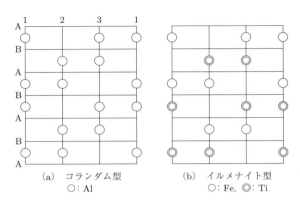

（a） コランダム型　　　　　　（b） イルメナイト型
○: Al　　　　　　　　　　　　　○: Fe, ◎: Ti

図 3.19　(a)コランダム型構造(Al_2O_3)と，(b)イルメナイト型
構造($FeTiO_3$)の陽イオン分布の比較
図中の A，B は hcp 配列した O の層を示す．

が1層おきに規則配列している．例外もあり，$LiNbO_3$では Li^+ と Nb^{5+} が同一
層内に共存している．この構造をとる酸化物では，A，B 両陽イオンの平均だけ
でなく両イオンともに酸化物イオンとの6配位条件を満たすものが多い．

b.　ペロブスカイト型　組成：ABO_3

　イルメナイト型と組成は同じであるが，A イオンが大きくなり酸化物イオン
の半径に近づくとペロブスカイト型構造をとるようになる．図3.20のように酸
化物イオン（比率3/4）と A イオン（比率1/4）で1層をつくり，これを ccp 形式で
積み重ね，酸化物イオンにだけ囲まれる6配位空間に B イオンが入るとこの構
造となる．図3.21(a)，(b)に，2種の異なる原点で示したペロブスカイト型構造
を示す．酸化物では A イオンと B イオンは合計で+6の電荷をもてばよく，A，
B の順に1価と5価，2価と4価，3価と3価の組合せがある．

　酸化物イオンに対して A イオンは12配位，B イオンは6配位となる．また，
理想的には，A イオン，B イオン，酸化物イオンのイオン半径を r_A，r_B，r_0 と
すると，$r_A + r_0 = \sqrt{2}\,(r_B + r_0)$ の関係がある[*4]．実際には，$r_A + r_0 = t\sqrt{2}\,(r_B + r_0)$
としたときに，**許容因子**（tolerance factor）t は 0.7〜1.0 の範囲にある．$t > 1$ のと

---

* 4　図3.21(b)に示した立方体の一辺の長さが $2(r_B + r_0)$，A イオンを挟む二つの酸化物イオンを
　　結んだ直線の長さが $2(r_A + r_0)$ であり，後者は前者の $\sqrt{2}$ 倍であるので，この関係となる．

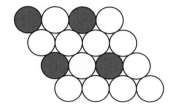

図 **3.20** ペロブスカイト型構造における A イオンと O イオンの配列
両イオンで 1 層をつくり，ccp 形式で積み重なる．
● : A イオン，○ : O イオン

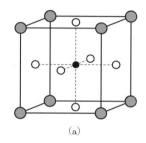 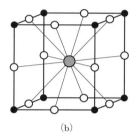

(a)   (b)

図 **3.21** ペロブスカイト型構造
(a)，(b)はそれぞれ，A イオン，B イオンを原点とした配列．
🔘 : A イオン，● : B イオン，○ : O イオン

きは，A イオンが大きすぎるか，B イオンが小さすぎることを意味している．
$t<1$ の場合はその逆である．

c. スピネル型 組成：AB_2O_4

　この構造は ccp に配列した陰イオンが基本構造であるが，複雑であるため，
図 3.22 に示すように単位格子を 8 等分して描くとわかりやすい．8 等分した格子
は I 型と II 型に区別され，I 型には 4 配位位置，II 型には 6 配位位置の陽イオン
が含まれる．単位格子中には陰イオンが全部で 32 個存在する．4 配位位置（A サ
イトとよばれる）はその倍の 64 カ所あり，その 1/8 に陽イオンが存在する．6 配
位位置（B サイトとよばれる）は陰イオンと同じ 32 カ所あり，その 1/2 に陽イオ

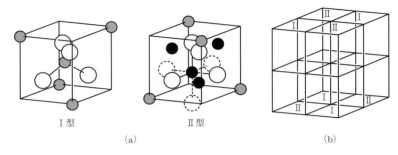

Ⅰ型   Ⅱ型
(a)   (b)

図 **3.22**　スピネル型構造
(a) Ⅰ型，Ⅱ型構造，(b)単位格子
◍：Aサイトイオン，●：Bサイトイオン，○：Oイオン

ンが存在する.

　一般式 AB_2O_4 で示されるこの構造の酸化物で，Aが4配位位置を，Bが6配位位置を占めるものを正スピネルとよぶ. 逆に，Bが4配位位置を，Aが6配位位置を占めるものを逆スピネルとよぶ. 表示法として，4配位位置を( )で，6配位位置を[ ]で示すことが多い. すなわち，

・　正スピネル：$(A)[B_2]O_4$
・　逆スピネル：$(B)[AB]O_4$

と示す. 実際にはある陽イオンがAサイトとBサイトに分布した中間スピネルとよばれるものもある. 通常はイオン半径の小さな陽イオンがAサイトを，大きな陽イオンがBサイトを占めるが，その例外も多く存在する.

4 酸 ・ 塩 基

　酸あるいは塩基という存在が初めて認識されたのは，酸はすっぱいもの，塩基はぬるぬるした手触りのもの，といった危険を伴う味覚や触覚によるものであった．Arrhenius はこれら 2 種類の物質の性質を化学的に深く理解するため，水中で水素イオンを生ずる化合物を酸と定義付けた．ここでは，より広範囲の化学反応を包括する新しい定義から始めることとする．

4.1　酸・塩基の定義と強さ

4.1.1　Brønsted-Lowry 酸・塩基

　デンマークの Brønsted と英国の Lowry は 1923 年，塩酸基反応の本質が一つの物質から他の物質へのプロトンの移動であるとし，酸・塩基をプロトンの授受に着目して定義した．この定義によれば，**酸はプロトンを放出するもの（プロトン供与体）**であり，**塩基はプロトンを受け取るもの（プロトン受容体）**となる．Brønsted-Lowry（ブレンステッド・ローリー）酸のことを単にプロトン酸ともいう．近年ではさらにそれぞれを Brønsted 酸および Brønsted 塩基という．この定義は，プロトン移動が起こる環境とは無関係であっても，どんな溶媒の溶液においても，また溶媒がまったく存在しない場合においても同様に成立する．プロトンとはこの場合水素イオン H^+ のことである．IUPAC では本来，$^1H^+$ を**プロトン**，$^2H^+$ を**デューテロン**，$^3H^+$ を**トリトン**とよび，これらの総称として**ヒドロン**を用いることになっている．また，水中の H^+ の水和の程度が不明である場合，またはとくに重要でない場合には，これを "ヒドロン" または "水素イオン" とよぶことがある．

　たとえば，水分子（H_2O）は，式(4.1)に示すように，プロトンを放出するので酸とみなせる．

$$H_2O \longrightarrow HO^- + H^+ \tag{4.1}$$

　一方，H_2O 分子の O 原子は，酸 HA と反応して，式(4.2)のようにプロトンを受け取ることができるので塩基とみなせる．このような酸・塩基の関係を互いに

共役であるという.

$$HA + H_2O \longrightarrow H_3O^+ + A^-$$ (4.2)
酸　　塩基　　　　　　酸　　塩基

プロトンを結合した水分子 H_3O^+ は**ヒドロニウムイオン**, または, **ヒドロキソニウムイオン**(オキソニウムイオンの一種)とよばれる酸であり, 酸 HA が脱プロトン化して生じた陰イオン A^- は塩基である. この反応で生じた H_3O^+ は塩基 H_2O の**共役酸**とよばれ, A^- は酸 HA の**共役塩基**とよばれる. 酸 HA が強ければ, H−A 結合が解離しやすく, 共役塩基 A^- が生成しやすい.

Brønsted-Lowry の定義によれば, H をもつ化学種はすべて酸として, 孤立電子対をもつ化学種は何れも塩基としてはたらく可能性がある. プロトン移動反応では, 酸も塩基も存在しなければならない. したがって, プロトン移動反応は**酸−塩基反応**とよばれることがある. ここで注目すべき点は, H_2O は酸と塩基のどちらとしてもはたらき得るということである. H_2O が酸として機能するのはプロトンをもっているからであり, それを供与できるからである. 一方, 塩基として機能するのは, プロトンを受け取ることが可能な孤立電子対をもつからである.

酸性度は, 化合物がプロトンを放出する傾向を示す尺度である. 強酸はプロトンを放出する傾向の強い酸である. このことは, その共役塩基が弱いことをも意味する. それは, その共役塩基のプロトン親和性が小さいためである. 弱酸はプロトンを放出しにくい酸であり, その共役塩基はプロトン親和性が高い. このように, 酸と共役塩基との間には相関性があり, 酸が強いほどその共役塩基は弱い. たとえば, HBr は HCl より強い酸であるので, Br^- は Cl^- より弱い塩基である.

酸の強さ, いわゆる酸強度は, 電離平衡の定数(酸解離定数 K_a)の大きさで決定される. たとえば酢酸は以下のように電離する.

$$CH_3COOH \rightleftharpoons H^+ + CH_3COO^-$$

その解離定数は,

$$K_a = \frac{[H^+][CH_3COO^-]}{[CH_3COOH]} = 1.75 \times 10^{-5}$$

程度である. 硫酸の第 1 段目の解離は,

$$H_2SO_4 \rightleftharpoons H^+ + HSO_4^-$$

であり, この K_a はきわめて大きくなる. 通常は数値で表さないほどであり, H_2SO_4 は CH_3COOH よりきわめて強い酸ということになる. さらに第 2 段目の

解離があり，

$$HSO_4^- \quad \rightleftharpoons \quad H^+ + SO_4^{2-}$$

では，

$$K_a = \frac{[H^+][SO_4^{2-}]}{[HSO_4^-]} = 1.20 \times 10^{-2}$$

程度となり，HSO_4^- も酢酸より強い酸であることがわかる．つまり，酸解離定数が大きいほど強い酸ということになる．すなわち，プロトンを失う傾向は強い．便宜上，酸の強さは一般に K_a よりもむしろ pK_a を用いて示すことが多い．pK_a は次の式で定義される．

$$pK_a = -\log K_a$$

　HClの pK_a は -7 であり，弱酸である酢酸の pK_a は 4.76 である．pK_a が小さいほどその酸は強いことになることに注意してほしい．

・　非常に強い酸：$pK_a < 1$
・　やや強い酸：　$pK_a = 1 \sim 5$
・　弱酸：　　　　$pK_a = 5 \sim 15$
・　非常に弱い酸：$pK_a > 15$

　さらに注意すべきは，一般に pK_a は水中での酸の強さを示している．溶媒が変われば酸の pK_a も変化する．

　また，pH と pK_a を混同してはいけない．pH は溶液の酸性度を記述するために用いられる尺度である．一方，pK_a は融点や沸点と同様に化合物固有の値であり，その化合物がプロトンをどの程度放出しやすいかを示す尺度である．

　塩基の解離も同様に扱える．弱塩基の解離定数を K_b とすると，たとえば NH_3 の場合，

$$K_b = \frac{[NH_4^+][OH^-]}{[NH_3]} = 1.76 \times 10^{-5}$$

$$[OH^-] = -\frac{1}{2}K_b + \left(\frac{1}{4}K_b^2 + K_bC\right)^{1/2} \qquad (C：塩基全濃度)$$

多くの場合，$C > K_b$ であるので，近似的に，

$$[OH^-] = -\frac{1}{2}K_b + (K_bC)^{1/2}$$

$0.1 \, \text{mol L}^{-1}$ のアンモニア水の $[OH^-]$ は $1.32 \times 10^{-3} \, \text{mol L}^{-1}$，水のイオン積より $[H^+] = 7.58 \times 10^{-12}$ と計算され，$pH \fallingdotseq 11.1$ と計算される．

H$_2$O は酸としても塩基としてもはたらき得る物質(両性物質)であり，酸または塩基を加えなくともプロトン移動平衡が存在する．一つの H$_2$O 分子からもう一つの H$_2$O 分子へプロトンが移動する現象を**自己プロトリシス**(または自己イオン化)と定義する．自己プロトリシスの程度，および平衡での溶液の組成は，水の自己プロトリシス定数 K_w で表すことができる．

$$2H_2O(l) \rightleftharpoons H_3O^+(aq) + OH^-(aq)$$

$$K_w = \frac{[H_3O^+][OH^-]}{[H_2O]^2}$$

25 ℃での K_w の実験値は 1.00×10^{-14} であり，純水中で H$_2$O 分子はきわめてわずかしか電離していないことがわかる．

溶媒の自己プロトリシス定数を用いると，ある塩基の強度をその共役酸の強度を用いて表現することができる．これは，自己プロトリシス定数が果たす重要な役割である．たとえば，下記 NH$_3$ の K_b と NH$_4^+$ の K_a との間には，$K_a K_b = K_w$ の関係が成立する．

$$NH_3(aq) + H_2O(l) \rightleftharpoons NH_4^+(aq) + OH^-(aq)$$

$$K_b = \frac{[NH_4^+][OH^-]}{[NH_3][H_2O]}$$

$$NH_4^+(aq) + H_2O(l) \rightleftharpoons H_3O^+(aq) + NH_3(aq)$$

$$K_a = \frac{[NH_3][H_3O^+]}{[NH_4^+][H_2O]}$$

この関係式から，K_b が大きいほど K_a は小さいことが理解できる．すなわち，強い塩基ほど，その共役酸は弱い．また，ある塩基の強度を知るには，その共役酸の酸性度定数を使えば理解できることを示している．

これらの値は，常用対数を用いると，$pK_x = -\log_{10} K_x$ と表すことができる．この K_x はどの平衡定数でもよい．たとえば 25 ℃では $pK_w = 14$ となることから，

$$pK_a + pK_b = pK_w$$

となる．どのような溶媒中の共役酸および塩基についても，pK_w をその溶媒の自己プロトリシス定数 pK_{sol} で置き換えることにより，上記関係は常に成立する．

4.1.2 Lewis 酸・塩基

　定性分析において，陽イオンの挙動の理解および分属には，周期表の元素位置だけでは直接的な関係性が得られない．分属の理解には，硬軟酸塩基(hard and soft acids and bases: HSAB)の原理を考えると有益である．まず，Lewis の酸塩基について考えてみる．

　Lewis は，Brønsted-Lowry の酸・塩基の概念をより広く捉え，電子対の授受に着目して酸・塩基の概念を提唱した．それによると，酸は電子対を受け取り共有するもの(**電子対受容体**)，塩基は電子対を与え共有するもの(**電子対供与体**)という定義となる．Lewis のこの定義は，酸を，プロトンを与える化合物であると限定していない．そのため，Brønsted-Lowry の定義よりも幅が広い．Lewis の定義によると，塩化アルミニウム($AlCl_3$)，フッ化ホウ素(BF_3)，ボラン(BH_3)などの化合物は酸である．これらの化合物は，価電子が充填されていない軌道をもち，共有電子対を受け取り共有することができる．これらの化合物は，プロトンが NH_3 と反応するように，孤立電子対をもつ化合物と反応するが，プロトンを供与する酸ではない．このように，Lewis による酸の定義は，プロトンを供与するすべての酸と，プロトンをもたないいくつかの酸を含んでいる．一般に "酸" という用語はプロトンを供与する酸について用いることが多く，プロトンを供与しない酸について"Lewis 酸" という用語を用いる場合が多い．すべての塩基は原子またはプロトンと共有することのできる一組の電子対をもっているため，Lewis 塩基である．

　Lewis 塩基 B はしばしば電子対: を付けて B: または :B と表現される．Lewis 酸・塩基の基本的な反応は，式(4.3)に示すように，共有結合の生成である．この種の反応は，すでにみたように，**電荷移動相互作用**に相当する(図 4.1)．

$$\text{Lewis 酸(A)} + \text{Lewis 塩基(:B)} \longrightarrow \text{A:B} \tag{4.3}$$

アンモニア($:NH_3$)の非共有電子対がプロトンに共有されてアンモニウム(NH_4^+)が形成されると，4 個の $N-H$ 結合は完全に等価になり，対称性の良い正四面体構造をとる(式(4.4))．また，三フッ化ホウ素(BF_3)にはホウ素の空の 2p 軌道があり，低い LUMO として作用するため，BF_3 は Lewis 酸となる．これが，式(4.5)に示すように，Lewis 塩基である NH_3 分子と反応すると，$F_3B^-:N^+H_3$ が生成して $B-N$ 単結合ができる．このとき，N から B へ電子が 1 個移ると考えると，B は負の，N は正の電荷を帯びることになる．この電荷を**形式電荷**

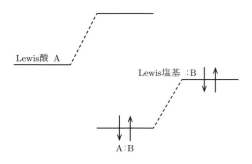

図 4.1 Lewis 酸（A）と Lewis 塩基（:B）の反応

とよぶ．生成したホウ素化合物は，かなり強い B−N 結合をもつことになり，非常に安定である．

$$H^+ + :NH_3 \longrightarrow NH_4^+ \tag{4.4}$$

$$BF_3 + :NH_3 \longrightarrow F_3B^-:N^+H_3 \tag{4.5}$$

また，たとえば，より一般化するために金属に応用すると，

$$Ag^+ + Cl^- \rightleftharpoons AgCl$$

この反応において，Ag^+ は Lewis 酸，Cl^- は Lewis 塩基となる．また，

$$Ca^{2+} + 2F^- \rightleftharpoons CaF_2$$

では，Ca^{2+} が Lewis 酸，F^- が Lewis 塩基となる．

　ところで，Ag^+ は AgCl の沈殿を生成するが，F^- とはほとんど反応しない．逆に，Ca^{2+} は CaF_2 を沈殿するのに Cl^- とは反応しない．種々の元素について調べてみると，Ag^+ と同様に，配位子との親和力が F＜Cl＜Br＜I になるイオン群と，逆に Ca^{2+} と同様に F＞Cl＞Br＞I になるイオン群が存在する．ハロゲンの親和性だけでなく，O を供与原子とする配位子（OH^- や CH_3COO^- など）と，S を供与原子とする配位子（S^{2-}，$S_2O_3^{2-}$ など）との親和性でも，F＜Cl＜Br＜I を示すイオン群は O＜S，F＞Cl＞Br＞I を示すイオン群では O＞S，のように分かれる．Pearson は，酸塩基の硬さと軟らかさという考え方を提唱した．これは，上述のような各種の供与原子に対する親和性の違いによって，Lewis 酸塩基の分類をしたものであり，次のようにまとめられる．

硬い酸	軟らかい酸
N≫P>As>Sb	N≪P>As>Sb
O≫S>Se>Te	≪S~Se~Te
F>Cl>Br>I	F<Cl<Br<I

　金属イオンは Lewis 酸であるが，このうち N，O，F などと強く結合するもの
が硬い酸，S，P，I などと強く結合するものが軟らかい酸である．
　一方，硬い塩基は硬い酸と安定な化合物をつくるものである．また，軟らかい
塩基は軟らかい酸と安定な化合物をつくる．一般的に，硬い酸は体積が小さく，
高い正電荷をもち，硬い塩基は分極しにくく，電気陰性度が大きい．軟らかい酸
は体積が大きく，低い正電荷をもち，軟らかい塩基は分極しやすく，電気陰性度
が小さい．そして，硬い酸塩基が反応するとイオン結合性の化合物を，軟らかい
酸塩基が反応すると共有結合性の化合物をつくる．表 4.1 には Lewis 酸，表 4.2
には Lewis 塩基の硬さ・軟らかさに関して分類したものを示す．この HSAB の
考え方は，定性分析ばかりでなく，一般の化学反応(たとえば，ある金属とどの

表 4.1　HSAB による Lewis 酸の分類

硬　い	軟らかい
H^+, Li^+, Na^+, K^+, Be^{2+}, Mg^{2+}, Ca^{2+}, Sr^{2+}, Mn^{2+}, Al^{3+}, Sc^{3+}, Ga^{3+}, In^{3+}, La^{3+}, Cr^{3+}, Co^{3+}, Fe^{3+}, Ce^{3+}, Si^{4+}, Ti^{4+}, Zr^{4+}, Th^{4+}, Pu^{4+}, Ce^{4+}, VO^{2+}, VO_2^{2+}	Cu^+, Ag^+, Au^+, Tl^+, Hg^+, Cs^+, Pd^{2+}, Cd^{2+}, Pt^{2+}, Hg^{2+}, CH_3Hg^+, Tl^{3+}, Au^{3+}, Te^{4+}, Pt^{4+}

中　間

Fe^{2+}, Co^{2+}, Ni^{2+}, Cu^{2+}, Zn^{2+}, Pb^{2+}, Sn^{2+}, Ru^{2+}, Os^{2+}, Sb^{3+}, Bi^{3+}, Rh^{3+}, Ir^{3+}, $B(CH_3)_3$, SO_2, NO^+

表 4.2　HSAB による Lewis 塩基の分類

硬　い	軟らかい
H_2O, OH^-, F^-, CH_3COO^-, PO_4^{3-}, SO_4^{2-}, Cl^-, CO_3^{2-}, ClO_4^-, NO_3^-, ROH, RO^-, R_2O, NH_3, RNH_2, N_2H_4	R_2S, RSH, RS^-, I^-, SCN^-, $S_2O_3^{2-}$, CN^-, RNC, CO, R_3P, R_3As, $(RO)_3P$, C_2H_4, C_6H_6

中　間

$C_6H_5NH_2$, C_5H_5N, N_3^-, Br^-, SO_3^{2-}, NO_2^-, N_2

ような配位子と安定な錯体をつくるか，など)の予測にも役立つものである．

4.1.3 官能基による酸・塩基特性変化

官能基の電子効果は，しばしば水溶液中での酸・塩基の強度データをもとに議論される．最近ではイオンサイクロトロンなどの分析装置の発達により，気相における酸・塩基強度の正確なデータが得られるようになった．気相では，溶媒和などの分子集合によるエントロピー変化がない孤立分子系の状態が実現される．ここでは，気相のデータをもとに，電子効果についてフロンティア軌道論から導かれる新しい概念を紹介する．

a.　官能基の電子効果の起源

分子の物理化学的性質を支配する原子の集まり(原子団)を**官能基**とよぶ．融点や沸点はしばしば官能基の分子間相互作用の大きさに依存し，光の吸収は発色団とよばれる官能基によって起こる．また，化学反応の多くは官能基が主役になって進行する．ほとんどの化学現象は分子またはその集合体である物質の表面で起こるので，官能基には分子表面の分子軌道が集まっていると考えられる．表面分子軌道のうち，分子の安定性，構造，光吸収，化学反応性など，分子の基本的性質を支配する最も重要な軌道はフロンティア軌道であるから，官能基はフロンティア軌道に何らかの変化(エネルギー準位や軌道の形)を与えると考えることができる．実際，官能基の多くは非共有電子対やπ結合などの弱い化学結合を含んでおり，しばしばフロンティア軌道となる．フロンティア軌道にならなくても，フロンティア軌道の準位や形に大きな影響を与えている．

b.　σ効果とπ効果

官能基の電子的性質(電子効果)には σ効果と π効果の二つがある．σ効果は σ結合を通じて現れる電子効果のことである．この効果は，主として官能基の構成原子の電気陰性度によってその大きさと方向が決定され，**誘起効果**ともよばれる．誘起効果は電子効果の方向によって2種類の官能基に分けられる．

① σ電子求引基：水素より電気陰性度が高い($-OR$, $-NR_2$, F, Cl)
② σ電子供与基：水素より電気陰性度が低い($-SiR_3$, $-SnR_3$)

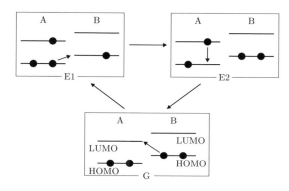

図 4.2 電子の非局在化機構

　σ電子求引基は相手の原子団から σ結合を通じて電子を奪うが，σ電子供与基は原子団に σ結合を通じて電子を与える.

　π効果は π型の共役効果(電荷移動相互作用)であり，**共鳴効果**ともよばれる. その起源は，官能基内の電子の非局在化の程度(電子の動きやすさ)とその方向(どの方法に動きやすいか)である. 非共有電子対や π結合系の電子は強い非局在化傾向をもち，分子内を動き回る性質が強い. 電子の非局在化は分子の表面，とくにフロンティア軌道を通じて起こる分子内電荷移動相互作用にほかならない. 図 4.2 に原子団(官能基または分子)A と B の間の電子の非局在化機構を示す. A の LUMO が低く，B の HOMO が高いと仮定する. G は基底状態，E は励起状態である. 原子団内を電子が非局在化する様子を詳細に説明する.

① まず G の状態で，A と B の相互作用が始まると，B の高い HOMO にある電子が A の低い LUMO に移動して E1 の状態になる. この E1 の状態では，A が B の電子を 1 個引きつけたことになる.

② E1 の状態において，A の HOMO から B の半占有軌道に電子が 1 個移動して E2 の状態になる.

③ E2 の状態において，A の励起状態が緩和され基底状態 G に戻って電子の非局在化が終了する.

　結局，エネルギー的に E2 より安定な E1 の状態が介在するので，A は B の電

子を引きつけたことになり，A は電子求引性，B は電子供与性となる．

c.　官能基の π 電子効果のタイプ

　図 4.2 の考察から，官能基の π 電子効果はフロンティア軌道の準位によって特徴付けられることが明らかである．すなわち，

① 分子に低い LUMO の官能基 A があると，電子は A の低い LUMO の方向に流れて動き回ろうとするため，官能基 A は電子求引性になる．

② 分子に高い HOMO の官能基 D があると，電子は D の高い HOMO から流れ出て，近くの低い LUMO に移動して動き回ろうとするため，官能基 D は電子供与性となる．

　したがって，官能基はフロンティア軌道準位の特徴によって，表 4.3 および図 4.3 に示されるような 1～4 の四つのタイプ（D 型，C 型，A 型，R 型）をとり得る．

表 **4.3**　官能基の軌道準位による分類

HOMO	LUMO	$\Delta E_{\text{HOMO-LUMO}}$	種　類	例
高	高	中	D：供与型	$MeO-H$
高	低	小	C：π 共役型	C_6H_5-H
低	低	中	A：受容型	$H_2C=O$
低	高	大	R：アルキル型	CH_3-H

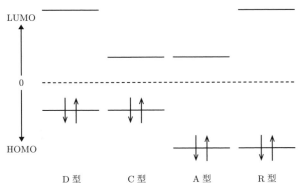

図 **4.3**　官能基の軌道準位による分類

表 4.4　官能基の種類と π 効果の型

官能基		例	π 効果
炭素系	R−	CH_3CH_3	R
	$H_2C=CH-$	$H_2C=CH_2$	C
	$RC\equiv C-$	$HC\equiv CH$	C
	C_6H_5-	PhOH	C
酸素系	HO−	MeOH	D
	CH_3O-	MeOMe	D
	−CHO	MeCHO	A
	$R_2C=O$	Me_2CO	A
	RCO	MeCOCl	A
	−COOH	MeCOOH	A
	−COOR	MeCOOMe	A
窒素系	H_2N-	$MeNH_2$	D
	$-CONH_2$	$MeCONH_2$	A
	$-C\equiv N$	MeCN	A
	$NO_2{}^-$	$MeNO_2$	A

　HOMO が高い官能基（D 型，C 型）は電子を与える性質が強いので，電子供与性を示すこととなる．一方，LUMO が低い官能基（C 型，A 型）は電子受容能が高く電子求引性を示すこととなる．その程度は，フロンティア軌道の準位に依存している．HOMO が低く，LUMO が高い官能基（R 型）は電子受容能，電子供与能ともに低くなり，アルキル基はこの種の官能基に属される．C 型官能基は電子受容能，電子供与能ともに高い．ビニル基やフェニル基のような π 電子系官能基がこれに分類される．D 型官能基は HO−，RO−，R_2N-（R はアルキル基）など，非共有電子対をもつ官能基であり，非共有電子対の一部を近傍の原子団に与える（供与する）性質をもつので**電子供与基**ともよばれ，非共有電子対の準位が比較的高い．A 型官能基の典型例はカルボニル基を含む官能基であり，LUMO が低いので電子受容能が高く，近傍の原子団から電子を引っ張る性質をもつので**電子求引基**ともよばれる．表 4.4 に種々の官能基とその π 効果の型をまとめる．

4.1.4　プロトン酸の酸解離過程

　プロトン酸（HA）の強さは，A の性質によって決まる．これが解離してプロト

ンを放出する過程を考える．式(4.6)に示すような化学平衡を考える．

$$H-A \rightleftharpoons H^+ + A^- \tag{4.6}$$

　一方，酸の強さを測定する溶媒として通常使われる水中では，式(4.7)に示すように，酸 HA は何個か(m 個)の水分子で溶媒和されている．これが解離してプロトンを放出しても，生じる共役塩基 A⁻ はイオンであり，電荷をもつので，HA よりも H₂O 分子によって大きく溶媒和される．ヒドロニウムイオンも溶媒和されているので，解離平衡系の右の溶媒和がかなり大きくなり，平衡系のエントロピーの減少(分子集団としての自由度の減少)はきわめて大きいであろうと予想される．エントロピー S の減少は自由エネルギー G の増大をまねき，不利となる．

$$AH\cdots(H_2O)_m \rightleftharpoons [A^-](H_2O)_n + [H_3O^+](H_2O)_l \tag{4.7}$$

　気相と水相における酸 HA の解離過程のエネルギー変化を図 4.4 に示す．横軸は解離過程，縦軸は平衡系全体のエネルギー変化である．気相では H－A 結合が切断されるので，系のエネルギーは単調増加する．その過程では，エントロピーの変化はほとんどないと考えられ，エンタルピー変化($\Delta H_{acid}°$)が酸 HA の本来の酸性の強さを表す．水相では，HA の周囲に水分子が溶媒和すると，溶媒も含めた系全体が少しエネルギー的に安定化する(状態 S)．H－A 結合が解離し始めると，系のエネルギーが上昇し，遷移状態(transition state：TS)を経由して陰イオン(A⁻)が生成する(状態 P)．この陰イオンは溶媒和されているので，エンタルピー的には少し安定になっている．しかし，エントロピーの減少により自由エネルギーが増大するので平衡の右への反応は不利となり，解離が進みにくく酸

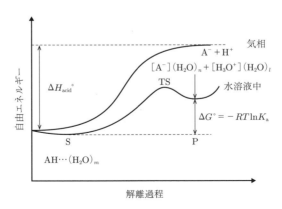

図 **4.4** 酸 HA の解離過程のエネルギー変化

としては弱くなる．状態 S と P の自由エネルギー差($\Delta G°$)が HA の酸の強さの尺度となる．$\Delta G°$ が小さいほど状態 P のエネルギーが低く解離しやすいので，酸として強くなる．

4.1.5　液相での酸性度

　一般に化合物の酸性度は，1 気圧 25℃，水溶液中での酸解離定数(K_a)の常用対数の符号を変えた量である酸解離指数 pK_a で表される．水中では，溶媒和を無視すると，酸 HA は，式(4.8)に示すようなプロトン解離平衡にあると考えられる．この解離平衡の解離定数(K_a)は，溶媒 H_2O の量は大量にあるので一定とみなすと，式(4.9)で表される．K_a の常用対数にマイナスを掛けた値が酸解離指数 pK_a である(式(4.10))．したがって，解離定数が大きいと pK_a が小さい．

$$H-A + H_2O \quad \rightleftharpoons \quad A^- + H_3O^+ \tag{4.8}$$

$$K_a = \frac{[A^-][H_3O^+]}{[HA][H_2O]} = \frac{[A^-][H_3O^+]}{[HA]} \tag{4.9}$$

$$pK_a = -\log K_a \tag{4.10}$$

　K_a の定義式をもとに，HA の酸性度が水中で強くなる条件を考える．HA が酸として強いためには，K_a の値は大きくなければならないので，

① 酸 HA が熱力学的に不安定であり，H-A 結合が弱いこと．
② H-A 結合がイオン的であり，水溶媒の大きな極性の影響を受けやすいこと．
③ 共役塩基 A^- が安定であること．A^- が安定になるための条件は，A^- の分極率が大きいこと．

といった条件が必要条件となる．分極率が大きければマイナス電荷の安定化効果が大きくなって A^- が安定になる．H-A 結合が弱く，共役塩基 A^- の分極率が大きければ，HA は酸として強くなる．

　表 4.5 に種々の酸の室温，水中での pK_a の値を示す．pK_a が小さいほうが酸性度の高いことに注意しながら，これらの pK_a のデータを考察する．

① 表では CH_4 が最も酸性度が低く，H_2SO_4 が最も高い(強い)．
② $CH_4 < NH_3 < H_2O < HF$ の順に酸性度が増大する．また，この順に結合エネルギーが大きくなるので，この酸性度の順序は不思議である．しかし，同一周期では原子番号の増大とともに電気陰性度(σ 電子求引性)が大きくなって結

表 **4.5** 酸の水中での酸性度(25℃での pK_a)

化合物	pK_a	化合物	pK_a	化合物	pK_a
CH_4	42.0	MeCOOH	4.8	HCl	-2.2
NH_3	35.0	H_2Se	3.7	HBr	-4.7
H_2O	15.8	HNO_2	3.2	HI	-5.2
MeOH	15.5	HF	3.2	H_2SO_4	-5.2
PhOH	10.0	H_3PO_4	2.2	(第2段階)	2.0
NH_4^+	9.2	(第2段階)	7.2		
HCN	9.1	(第3段階)	12.4		
H_2S	7.0	HNO_3	-1.3		

合のイオン性が増大するので,水中でイオン解離しやすくなると同時に,溶媒和を受けて共役塩基が安定化するので,この順序になるとも考えられる.

③ 同族元素の酸を比較すると,高周期になるほど酸性になる.

　　・ 16族：$H_2O < H_2S < H_2Se$　　・ 17族：$HF < HCl < HBr < HI$

これは弱い結合ほど解離しやすく,共役塩基が高周期になると安定になる(分極率が大きくなるほど電荷安定化効果が大きい)ため,解離の方向に平衡が移動するからである.

④ $PhOH > MeOH > H_2O$

　　分子が大きいと LUMO が低い.LUMO が低い官能基は電子求引性が強くなり,酸性が増す.また,共役塩基の安定性を考えると,分極率の大きい陰イオン(すなわちサイズが大きい陰イオン)のほうが,電荷が広がって安定になるので解離しやすい.

⑤ $HCN < HNO_2 < H_3PO_4 < HNO_3 < H_2SO_4$ の順に酸性度が上がる.

⑥ 共役塩基の塩基性の順序は酸強度の順序と逆になる.弱酸の共役塩基ほど塩基性が強い.

　　・ 第2周期：$F^- < HO^- < NH_2^- < CH_3^-$
　　・ 16族　　：$HSe^- < HS^- < HO^-$
　　・ 17族　　：$I^- < Br^- < Cl^- < F^-$
　　・　　　　　$PhO^- < MeO^-$

4.1.6　溶媒効果とエントロピーの影響

　上記の議論では水溶媒の影響は考えなかったが，図4.4に示すように，厳密にはpK_aの解釈においては溶媒効果を無視することができない．pK_aは25℃での酸解離平衡の自由エネルギー変化（ΔG）に比例する．次式(4.11)に示すように，ΔGはエントロピー変化（ΔS）の項を含んでいるので，pK_aはΔSに依存する．

$$\Delta G = -RT \ln K_a = 2.303 RT(pK_a) = \Delta H - T\Delta S \tag{4.11}$$

　実際には，ΔGのエンタルピー変化（ΔH）は小さく（ほぼ0），pK_aの値は，解離におけるエントロピー変化（ΔS）に大きく依存する．一般に，共役塩基（A^-）の水和（溶媒和）によるエントロピー変化ΔSの影響を強く受けることが知られており，pK_aの解釈には注意が必要である．A^-が不安定なほど，A^-の電荷が局在するほど，溶媒和の水の束縛が強くなり，エントロピーが減少して右への反応が不利になり，弱酸になる．

　ここで，平衡式(4.8)の正反応（右方向：イオン化）の熱力学データを考察する．HAにはギ酸 H-COOH，酢酸 CH_3-COOH，2,2-ジメチルプロピオン酸 $C(CH_3)_3$-COOH をあてはめる．イオン化熱（ΔH）は非常に小さい（$-0.2 \sim -2.9$ kJ mol^{-1}）ため，ΔGのうち9割以上はΔSの変化に由来する．すなわち，pK_aの値が変化するのはエントロピーの効果ということになる．エントロピー効果は溶媒和の効果であるから，酸の強さとは必ずしも関係しない．それでもpK_aの値で酸の強さが議論できるのは，一般に弱酸ほど溶媒和効果が大きくエントロピー的に解離平衡が不利になるからである．

　これら三つのカルボン酸のpK_aの値からいえば，ギ酸(3.77)，酢酸(4.76)，2,2-ジメチルプロピオン酸(5.03)の順に増大して酸性度が減少するので，「アルキル基は電子供与性であり，サイズが大きくなると電子供与性が増大して酸の酸性度を弱める」という有機化学の常識が読み取れる．しかし，気相における酸性度のデータを用いると，そのようなことはいえない．次節で述べるように，気相ではプロピオン酸（$pK_a = 4.88$）のほうが酢酸（$pK_a = 4.76$）より酸性度が強い（水相と気相で酸性度の順序が逆転する）．したがって，官能基の電子効果を厳密に議論するには，孤立分子系の酸性度，すなわち，気相の酸性度を分子の**絶対酸性度**の尺度として用いなければならない．

4.2 気相における酸性度

4.2.1 気相における酸性度の定義($\Delta H_{\text{acid}}°$)

　水和によるエントロピー変化のない状態での酸性度として，25℃，気相における酸性度($\Delta H_{\text{acid}}°$：イオン解離の際に生じるエンタルピー変化)が定義される(式(4.12))．

　実際には下記の①，②，③の三つの熱化学方程式に分解して，式(4.12)のエンタルピー変化($\Delta H_{\text{acid}}°$)を求める．式①は酸 HA が均等開裂する過程のエンタルピー変化であり，H−A 結合の解離エネルギー(D_{e})に相当する．式②のエンタルピー変化は A・ラジカルの電子親和力(A)の符号を変えた値に相当する．式③の過程は水素原子のイオン化エネルギー(I)である．これら三つの過程の和が式(4.13)の気相酸性度($\Delta H_{\text{acid}}°$)を与える．

$$\text{HA} \longrightarrow \text{H}^+ + \text{A}^- \qquad \Delta H° = \Delta H_{\text{acid}}° \qquad (25℃) \qquad (4.12)$$

$$\text{HA} \longrightarrow \cdot\text{H} + \text{A}\cdot \qquad \Delta H° = D_{\text{e}}(\text{HA}) \qquad (25℃) \qquad ①$$

$$\text{A}\cdot + \text{e} \longrightarrow \text{A}^- \qquad \Delta H° = -A(\text{A}\cdot) \qquad\qquad ②$$

$$\underline{\text{H}\cdot \longrightarrow \text{e} + \text{H}^+ \qquad \Delta H° = I(\text{H}\cdot) \qquad\qquad\qquad ③}$$

$$\text{HA} \longrightarrow \text{H}^+ + \text{A}^- \qquad \Delta H_{\text{acid}}° = D_{\text{e}}(\text{HA}) + I(\text{H}\cdot) - A(\text{A}\cdot) \qquad (4.13)$$

式(4.13)より，気相酸性度($\Delta H_{\text{acid}}°$)は，① H−A 結合の強さ(結合解離エネルギー：D_{e})，② ラジカル A・の電子親和力(A)の二つの因子に支配される．すなわち，気相酸性度 $\Delta H_{\text{acid}}°$ は H−A 結合解離エネルギー(均等開裂)の大きさにのみ依存するだけでなく，HA の共役塩基 A$^-$ のイオン化エネルギー(A$^-$ の HOMO の準位または A・の LUMO)にも影響される．H−A 結合の解離エネルギーの大きさは，周囲(プロトンの近傍)に**電子求引基**があると H−A 結合の電子が A に引っ張られて弱まり，H−A 結合はイオン開裂しやすくなり，酸性度が大きくなる．電子求引基の LUMO は低いので，A の LUMO が低いほど H−A 結合は弱くなり，酸としては強くなると予想される．A$^-$ のイオン化エネルギーはラジカル A・の電子親和力であり，これは A・の LUMO の準位と広がりに関係するので，分極率(A$^-$ のサイズ)に依存する．したがって，$\Delta H_{\text{acid}}°$ は分極率(電子雲の広がり：分子 HA のサイズ)にも関係している．

4.2.2 種々の分子の気相酸性度

表 4.6 に種々の有機化合物の気相酸性度($\Delta H_{\text{acid}}°$)を示す．水中での $\text{p}K_a$ の値も合わせて比較した．$\Delta H_{\text{acid}}°$ と $\text{p}K_a$ には良い相関関係がある．さらには，$\Delta H_{\text{acid}}°$ と酸 HA の LUMO とも比較的良い相関性があることが知られている．つまり，LUMO が低いと $\Delta H_{\text{acid}}°$ が小さくなる傾向がある．$\Delta H_{\text{acid}}°$（kcal mol^{-1}）の傾向は以下のように示される．

① $\Delta H_{\text{acid}}°$ が小さいほうが酸性度大（解離しやすい）．
② 同一周期では原子番号とともに酸性度増大（電気陰性度の増大による σ 電子求引性の増大）．

$$CH_4(416.6) < NH_3(399.6) < H_2O(390.8)$$

③ 混成の s 性の増大とともに酸性度増大．

$$CH_4(416.6) < CH_2=CH_2(408.0) < HC\equiv CH(375.4)$$

表 **4.6** 有機化合物の気相酸性度（$\Delta H_{\text{acid}}°$）と水中 $\text{p}K_a$（25℃）

化合物	$\Delta H_{\text{acid}}°$ /kcal mol^{-1}[*1]	$\text{p}K_a$[*2]	化合物	$\Delta H_{\text{acid}}°$ /kcal mol^{-1}[*1]	$\text{p}K_a$[*2]
CH$_4$	416.6	42.0	PhN$\underline{\text{H}}_2$	367.1	25.0
H$_2$C=CH$_2$	408.0	36.0	Me$_2$SO$_2$	366.6	23.0
NH$_3$	399.6	35.0	MeNO$_2$	358.7	10.0
Me$_2$N$\underline{\text{H}}$	396.4	38.0	1,3-シクロペンタジエン	352.4	15.0
H$_2$O	390.8	15.8	PhO$\underline{\text{H}}$	349.8	9.9
C$\underline{\text{H}}_3$CH=CH$_2$	389.8	38.0	HC$\equiv$N	349.3	9.1
PhC$\underline{\text{H}}_3$	378.2	37.0	MeCO$_2\underline{\text{H}}$	348.5	4.8
EtO$\underline{\text{H}}$	377.8	15.9	C$\underline{\text{H}}_2$(CO$_2$Et)$_2$	348.3	13.5
HC$\equiv$CH	375.4	25.0	MeCH$_2$CO$_2\underline{\text{H}}$	347.3	4.9
t-BuO$\underline{\text{H}}$	373.9	19.0	HCO$_2\underline{\text{H}}$	345.2	3.8
C$\underline{\text{H}}_3$CONMe$_2$	373.5	—	C$\underline{\text{H}}_2$(COMe)$_2$	343.7	8.9
Me$_2$SO	372.7	35.0	PhCOO$\underline{\text{H}}$	338.8	4.2
MeC$\equiv$N	372.2	25.0	FCH$_2$COO$\underline{\text{H}}$	337.6	2.6
CH$_3$COOMe	371.0	25.0	ClCH$_2$COO$\underline{\text{H}}$	335.4	2.9
Me$_2$CO	368.8	20.0	BrCH$_2$COO$\underline{\text{H}}$	334.0	2.9

*1：Gas Phase Ion Chemistry, ed. by M. T. Bowers, Academic Press, **1979**.
*2：Handbook of Chemistry and Physics, 84th Ed., ed. by D. R. Lide, CRC Press, **2003**.

④ LUMO が低いと電子求引性が増大し，酸性度増大．
$$CH_3-H(416.6)<CH_3-CH=CH_2(389.8)<CH_3-Ph(378.2)$$

フェニル基，ビニル基は電子求引性
$$C_2H_5OH(377.8)<PhOH(349.8)$$
$$CH_3COOH(348.5)<PhCOOH(338.8)$$

フェニル基のほうがアルキル基より低 LUMO
$$CH_3-CONMe_2(373.5)<CH_3-C\equiv N(372.2)$$
$$<CH_3-COOCH_3(371.0)<CH_3-COCH_3(368.8)$$

カルボニル基やシアノ基は電子求引性
$$CH_3-COCH_3(368.8)<CH_3-NO_2(358.7)$$

ニトロ基はカルボニル基より LUMO が低く電子求引性

⑤ アルキル基の電子効果：サイズが大きくなると分極率が大きくなり，イオン電荷が安定化される．よって LUMO が低くなり，電子求引性が増加する（t-Bu$>$CH$_3$CH$_2>$CH$_3$）．
$$C_2H_5OH(377.8)<t\text{-}BuOH(373.9)$$

ただし，この順序は pK_a では逆転する．

⑥ 芳香族性の効果：1,3-シクロペンタジエン(352.4)は炭化水素酸としては非常に酸性度が大きくなっている．これは共役塩基 $C_5H_5^-$ が熱力学的に安定な 6π 電子系(芳香族性をもつ)を形成するためである．プロペンの気相酸性度(389.8)と比べてもシクロペンタジエンのほうがはるかに酸性が強くなっているのは，芳香族性の効果である．

4.3 塩 基 の 強 さ

塩基の強度に関しても，液相および気相で異なる定義がなされている．気相のデータからいえば，塩基の強度に関しても酸と同様に，フロンティア軌道の性質に依存している．

4.3.1 液 相 で の 定 義

溶液相での塩基 B の強度は，共役酸(BH^+)の水溶液中での酸解離平衡(式(4.14))の平衡定数(K_a；式(4.15))を用いて，酸の場合と同様に pK_a(式(4.16))で

表すことができる.

$$BH^+ + H_2O \;\;\rightleftharpoons\;\; B + H_3O^+ \tag{4.14}$$

$$K_a = \frac{[B][H_3O^+]}{[BH^+][H_2O]} = \frac{[B][H_3O^+]}{[BH^+]} \tag{4.15}$$

$$pK_a = -\log K_a \tag{4.16}$$

4.3.2 気相での定義

pKₐのデータはアミンのものに限られるが,気相ではアミンのほかにアルコール,エーテル,各種カルボニル化合物,ニトリル,チオールなど,非共有電子対をもつ種々の分子の塩基性が高精度で測定されている.溶媒効果によるエントロピー変化の影響を避けるため,気相での塩基 B の強さ(気相塩基性度,gas phase basicity:GB)は次の発熱反応式で表されるプロトン化反応の自由エネルギー変化(ΔG°)の絶対値(kcal mol^{-1})で定義される.GB が大きいほど塩基性が大きいとみなす.この反応のエンタルピー変化(ΔH°)の絶対値をプロトン親和力(proton affinity:PA)と定義する.

$$B + H^+ \;\;\longrightarrow\;\; BH^+ \tag{4.17}$$
$$-\Delta G^\circ = GB$$
$$-\Delta H^\circ = PA$$

表 4.7 に水溶液中および気相中での種々の Lewis 塩基の塩基性のデータ(pKₐ,GB,PA)を示す.参考のために塩基の第 1 イオン化エネルギー(I)の値も掲載している.GB と PA の間にはきわめてきれいな直線相関関係が成立している.すなわち,式(4.17)の塩基のプロトン化反応のエントロピー変化は基質 B によらずほぼ一定となる(6〜9 kcal mol^{-1}).このことは,塩基性の議論の際に,GB,PA の値の何れをベースとしてもほとんどの場合問題ないことを意味している.

以上をまとめると次のようになる.

① pKₐ の大小と B の塩基性の関係(式(4.16)参照)

　　pKₐ 大 ⇄ 共役酸 BH$^+$ の水中での酸性度小 ⇄ BH$^+$ のプロトンが解離しにくい ⇄ 塩基 B がプロトンをよく引きつける ⇄ (水中での)塩基 B の塩基性大

② pKₐ と GB の関係(式(4.14),(4.17)参照)

　　pKₐ は溶媒効果のため気相のデータ GB,PA,I と直接関係しない.アミン

表 **4.7** Lewis 塩基の GB と pK_a，PA，第 1 イオン化エネルギー（I）との関係

	塩 基	pK_a*1	GB*2 / kcal mol^{-1}	PA*2 / kcal mol^{-1}	I /eV
アミン	NH$_3$	9.25	196.4	205.0	10.85
	MeNH$_2$	10.62	205.7	214.1	9.66
	Me$_2$NH	10.64	212.3	220.5	8.93
	Me$_3$N	9.76	216.5	224.3	8.53
	EtNH$_2$	10.63	208.7	217.1	9.43
	Et$_2$NH	10.98	216.9	225.1	8.63
	Et$_3$N	10.65	223.4	231.2	8.03
	PrNH$_2$	10.60	210.1	218.5	9.35
	Pr$_2$NH	—	219.2	227.4	8.54
	Pr$_3$N	—	225.6	233.4	7.92
	i-PrNH$_2$	—	211.0	219.4	9.32
	i-Pr$_2$NH	11.05	220.7	228.9	8.40
	BuNH$_2$	10.77	210.6	219.0	9.32
	Bu$_2$NH	11.25	220.2	228.4	8.51
	Bu$_3$N	—	227.0	234.8	7.90
	i-BuNH$_2$	—	211.1	219.5	9.32
	s-BuNH$_2$	10.56	212.1	220.5	9.32
	t-BuNH$_2$	10.68	212.9	221.3	9.25
	ピロリジン	11.27	216.1	224.3	8.75
	ピペリジン	10.32	217.2	225.4	8.66
	ピペラジン	9.83	216.0	224.0	—
	CF$_3$NMe$_2$	—	187.0	195.0	9.99
酸化物	H$_2$O	—	165.0	173.0	12.62
	MeOH	—	177.1	184.6	10.96
	EtOH	—	182.5	190.3	9.75
	PrOH	—	183.6	191.4	10.50
	t-BuOH	—	187.0	195.0	10.25
	Me$_2$O	—	185.8	193.1	10.10
	Et$_2$O	—	193.1	200.4	9.66
	テトラヒドロフラン（THF）	—	192.3	199.6	9.57
	テトラヒドロピラン（THP）	—	193.4	200.7	9.50
	Me$_2$C=O	—	189.9	197.2	9.71
	MeCOOH	—	182.5	190.7	10.85
	MeCOOMe	—	190.5	198.3	10.48
	Me$_2$NCHO	—	204.6	212.4	—

（つづく）

表 4.7 （つづき）

塩 基		pK_a[*1]	GB[*2] / kcal mol^{-1}	PA[*2] / kcal mol^{-1}	I /eV
その他	HCN	—	171.1	178.9	14.00
	MeCN	—	183.1	190.9	13.14
	MeSH	—	180.8	188.6	9.44
	Me$_2$S	—	193.4	200.7	8.68
	PH$_3$	—	182.5	191.1	10.58
	MePH$_2$	—	195.4	204.8	9.11
	Me$_2$PH	—	208.9	217.1	8.47
	Me$_3$P	—	217.9	225.7	8.01
	AsH$_3$	—	175.0	183.6	9.89

*1：Handbook of Chemistry and Physics, 84th Ed., ed. by D. R. Lide, CRC Press, **2003**.
*2：Gas Phase Ion Chemistry, ed. by M. T. Bowers, Academic Press, **1979**.

の pK_a と GB の相関はほとんどみられないが，pK_a 大で GB 大となる傾向は認められる．pK_a に対する水の溶媒効果がいかに大きいかが理解できる．
③ アミンにおける GB，PA，I の関係

GB 大 ⇄ PA 大 ⇄ 塩基性大

I 小 ⇄ HOMO が高い ⇄ GB（または PA）大

酸素塩基（アルコール，エーテル，カルボニル化合物）でもアミンと同様の関係がみられる．また，リン由来の塩基を比較しても同様．すなわち，同原子での塩基を比較すると，塩基性は HOMO の準位と深い関係にある（HOMO の準位が高いほど塩基性が大）．
④ NH$_3$ へのメチル置換の影響

pK_a ：Me$_2$NH＞MeNH$_2$＞Me$_3$N＞NH$_3$ （Me$_3$N で逆転：溶媒効果が大）
GB，PA：Me$_3$N＞Me$_2$NH＞MeNH$_2$＞NH$_3$ （多置換ほど塩基性大）
I ：Me$_3$N＞Me$_2$NH＞MeNH$_2$＞NH$_3$ （多置換ほど（分子が大きくなるほど）HOMO が高い）
⑤ RNH$_2$ に対するアルキル基の影響

R が H，Me，Et，Pr，Bu シリーズの比較では，
GB，PA：BuNH$_2$＞PrNH$_2$＞EtNH$_2$＞MeNH$_2$＞NH$_3$ （R が長いほど塩基性大）
I：BuNH$_2$＜PrNH$_2$＜EtNH$_2$＜MeNH$_2$＜NH$_3$ （R が長いほど HOMO が高い）
Bu，i-Bu，s-Bi，t-Bu シリーズの比較では，

GB, PA : Bu$<$*i*-Bu$<$*s*-Bu$<$*t*-Bu   （枝分かれが多いほど塩基性大）

⑥ 高周期における MH$_3$ の元素（M＝N, P, As）の影響

GB, PA は減少して塩基性は小さくなる（15 族元素の場合，M－H 結合が弱くなる程度が大きい）．I も減少，すなわち HOMO が高くなる（高周期の非共有電子対のエネルギー準位が高い）．

⑦ 含酸素化合物の塩基性の比較

アミンが最も塩基性が大きい．

$H_2O<ROH \doteqdot R_2S<RCN \doteqdot RCOOH<RCOOR' \doteqdot R_2C=O<R_2O<R_2NCHO$

一般に，カルボニル化合物の C＝O 酸素の非共有電子対よりエーテルの非共有電子対のほうが塩基性が少し高い．

以上をまとめると次のように列挙することができる．

① 一般に，O, N, S の非共有電子対の塩基性を比較すると，N の非共有電子対が最も塩基性が高い．

② イオン化エネルギーが小さい（HOMO が高い）と塩基性が増加する．

③ X－H 結合が弱くなると塩基性が減少する（GB : $NH_3>PH_3>AsH_3$）．

④ アルキル置換は HOMO を上昇させるため，塩基性を強めることになる．

⑤ 酸素塩基の強さ：$H_2O<ROH \doteqdot RCOOH<RCOOR' \doteqdot R_2C=O<R_2O$

4.4　アミノ酸の酸・塩基

　水中での酸・塩基の定義は，アミノ酸などの生体分子の物性と反応性を考えるうえできわめて重要である．アミノ酸のイオン化状態は pH に依存する．中性水溶液中ではほとんど**双性イオン**（または**双極子イオン**）として存在し，カルボキシ基は解離している．アミノ酸のイオン化状態は溶液の pH によって変化し，中性および酸性では，NH_3^+，アルカリ性では NH_2 として存在する（図 4.5）．これらの化学種の存在率はアミノ酸の性質，とくに pK 値によって変化する（アミノ酸の pK 値については表 4.8 参照）．

　グリシンの滴定曲線に示した A，B，C，D，E の pH 条件では，アミノ酸の A～E の化学種が ％ で示した存在率で存在している．pH$<$2 水溶液の A の酸性条件では，カルボキシ基もアミノ基もプロトン化され，電荷は ＋1 となっている．塩基（OH$^-$）を添加していくと，pH は上昇し，カルボキシ基が解離し始め，

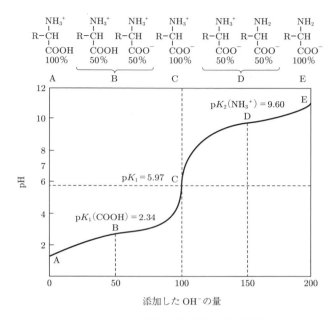

図 **4.5**　アミノ酸の滴定曲線と存在状態

Bのところでプラトーが生じる(Bではカルボキシ基の解離が進行しているため, 塩基をかなり加えても pH が変化しない状態になる = 緩衝領域). Bの状態のときの pH がアミノ酸の pK_1(グリシンでは $pK_1 = 2.34$)である. さらに塩基を加えていくと, 中性付近(C)で急激に pH が変化する. Cでは 100% 双性イオン型になっており, この点を**等電点**とよぶ. それを越えて塩基性にしていくと NH_3^+ の解離が始まり, Dでプラトーが生じる. このDの状態の pH がアミノ酸の pK_2 (グリシンでは $pK_2 = 9.60$)である. この点付近では塩基濃度に対する pH の変化がほとんどないので緩衝領域となる.

　天然アミノ酸のうちで最も酸として強いものはシステインである($pK_1 = 1.71$). システインは分子内に SH 基を含んでおり, これがカルボキシ基の酸性度を増大させていると考えられている. ヒスチジン($pK_1 = 1.82$)やフェニルアラニン($pK_1 = 1.83$)も酸性度が大きい. 塩基として最も強いものはプロリン($pK_2 = 10.60$)である.

表 4.8 アミノ酸の酸性(pK_1)と塩基性(pK_2)

	アミノ酸	pK_1	pK_2	pK_3	等電点
アルキル鎖	グリシン	2.34	9.60	—	5.97
	アラニン	2.35	9.69	—	6.02
	バリン	2.32	9.62	—	5.97
	ロイシン	2.36	9.60	—	5.98
	イソロイシン	2.36	9.68	—	6.02
芳香族	フェニルアラニン	1.83	9.13	—	5.48
	トリプトファン	2.83	9.39	—	5.88
	チロシン	2.20	9.11	10.07	5.65
	ヒスチジン	1.82	9.17	6.00	7.58
酸化物	セリン	2.21	9.15	—	5.68
	トレオニン	2.63	10.43	—	6.53
硫化物	メチオニン	2.28	9.21	—	5.75
	システイン	1.71	8.33	10.78	5.02
カルボニル	アスパラギン酸	2.09	9.82	3.86	2.87
	グルタミン酸	2.19	9.67	4.25	3.22
	アスパラギン	2.02	8.08	—	5.41
	グルタミン	2.17	9.13	—	5.65
アミン	リシン	2.18	8.95	10.53	9.74
	アルギニン	2.17	9.04	12.48	10.76
	プロリン	1.99	10.60	—	6.10

4.5　溶媒の水平化効果

　ある溶媒中に酸または塩基を溶解させたとき，それらの強度を判断するために決定的な役割を果たしているのは溶媒の自己プロトリシス定数となる．水中で H_3O^+ よりも強酸はすべて H_2O にプロトンを与え，H_3O^+ を生成するのに利用される．すなわち，H_3O^+ よりも強酸は水中でそのもので存在することができない．HBr と HI は何れも水中で H_3O^+ を生ずるため，どちらが強酸かを決めることができない．このことを，水が H_3O^+ よりも強い酸を H_3O^+ の酸性度まで引き下げる水平化効果があるという．上記のとおり，HBr と HI は水中での酸強度を比較できないが，水よりも弱い塩基性を示す溶媒中では HBr と HI が弱酸の挙動を示すため，強度の比較および区別が可能となる．このような方法により，

HI が HBr よりも強いプロトン供与体であることがわかる．この判断に利用されるのが酸解離定数 K_a である．ある溶媒 H_{sol} に HX のような酸を溶解させたとき，その溶媒中における HX の K_a は次式で表すことができる．

$$HX(sol) + H_{sol}(liq) \rightleftharpoons H_{2sol}^+(sol) + X^-(sol)$$

$$K_a = \frac{[H_{2sol}^+][X^-]}{[HX]c^\circ}$$

c° は物質量濃度の標準値（通常 $1\,mol\,dm^{-3}$ とする）を表す．もし $pK_a < 0$ ならば HX は溶媒 H_{sol} 中で強い酸である．つまり，$pK_a < 0$ の酸はすべて，溶媒 H_{sol} に溶解すると H_{2sol}^+ の酸性度を示すことになる．

　水中の塩基についても同様の制限が存在する．つまり，十分に強度大であり，水からプロトンを受けて完全にプロトン化される塩基では，どれでも塩基1分子あたり1個の OH⁻ イオンを生じるので，その溶液は OH⁻ イオンの溶液のように振る舞う．つまり，この塩基がプロトンを受け取る能力は何れも同じようになる．これも水平化である．水中で一番強度大の塩基は OH⁻ イオンとなる．

　ある塩基を溶媒 H_{sol} に溶解させたとき，$pK_b < 0$ ならばその塩基は強い塩基である．ここで，$pK_a + pK_b = pK_{Hsol}$ であるから，水平化について判定基準を次のように表すことができる．つまり，共役酸の pK_a が $pK_a > pK_{Hsol}$ であるような塩基はすべて，溶媒 H_{sol} で sol^- のように振る舞う．

　ある溶媒 H_{sol} に対する以上の議論より，溶媒 H_{sol} 中で $pK_a < 0$ のすべての酸および $pK_a > pK_{Hsol}$ のすべての塩基は水平化されるため，この溶媒中で強度を区別できる範囲は $pK_a = 0$ から pK_{Hsol} の範囲であると決定することができる．水では $pK_w = 14$，液体アンモニアの自己プロトリシス平衡は $pK_{liqNH_3} = 30$ である．これらの数値から，酸および塩基の強度を区別し得る範囲は，水中では液体アンモニア中よりも狭いことがわかる．水の範囲は，他の代表的な溶媒に比較すると狭い．水分子は相対誘電率（比誘電率）が高く，H_3O^+ および OH⁻ の生成を有利に進めるためである．ジメチルスルホキシド〔DMSO，$(CH_3)_2SO$〕では $pK_{DMSO} \geqq 33$ となるため，区別できる範囲が広くなる．したがって，DMSO は硫酸からホスフィン PH_3 に至る広範囲の酸の研究に利用できることとなる．このように，小さい自己プロトリシス定数をもつ溶媒は，強度が広範囲に及ぶ酸および塩基の強度判定をするのに用いられる．

5 酸化と還元

本章では物質の酸化と還元，すなわち電子の放出や受取りを含む反応について扱う．ある酸化還元反応が自発的に進行するのか否か，どれくらいのエネルギーを放出するのか，あるいは吸収するのかについて，熱力学的な視点から考える．そうした観点は，物質の合成やその安定性，エネルギーの貯蔵などについて考えるうえで重要である．さまざまな酸化剤や還元剤についても紹介する．

5.1 標準電位と電気化学系列

5.1.1 酸化還元反応

電子の授受を含む化学反応を**酸化還元反応**という．金属状態の亜鉛と銅(II)イオンの反応を例にとろう．

$$Zn(s) + Cu^{2+}(aq) \longrightarrow Zn^{2+}(aq) + Cu(s) \tag{5.1}$$

このとき，亜鉛は銅(II)イオンを還元し，銅(II)イオンは亜鉛を酸化した，という．

この式(5.1)の反応について，次のように二つに分けて書くと，電子のやり取りがわかりやすい．

$$Zn(s) \longrightarrow Zn^{2+}(aq) + 2e^- \tag{5.2}$$

$$Cu^{2+}(aq) + 2e^- \longrightarrow Cu(s) \tag{5.3}$$

それぞれの反応を**半反応**とよぶ．

式(5.2)の反応では，金属状態の亜鉛が電子を放出して，亜鉛(II)イオンに変化している．この反応を，亜鉛から亜鉛(II)イオンへの**酸化反応**とよぶ．一方，式(5.3)の反応では，銅(II)イオンが電子を受け取り，金属状態の銅に変化している．この反応を，銅(II)イオンから銅への**還元反応**とよぶ．電子を放出する反応が酸化反応，電子を受け取る反応が還元反応である．

式(5.2)では，左辺の亜鉛が還元体であり，右辺の亜鉛(II)イオンが酸化体である．このような還元体と酸化体の組合せを，**酸化還元対**とよぶ．銅(II)イオンと銅の組合せも，酸化還元対である．

式(5.2)と式(5.3)を足し合わせると，式(5.1)になることがわかるだろう．亜鉛は，電子を放出して銅(Ⅱ)イオンに与え，これを還元するので**還元剤**とよばれる．電子を放出するので，電子供与体(ドナー)ともいう．一方の銅(Ⅱ)イオンは，亜鉛から電子を奪い，これを酸化するので**酸化剤**とよばれる．電子を受け取ることから，電子受容体(アクセプター)ともいう．

5.1.2 自発的反応と電池

ある酸化還元反応の反応 Gibbs エネルギー ΔG が負であれば，その反応は自発的に進行する．式(5.1)の反応の ΔG は標準状態において $-213\,\mathrm{kJ\,mol^{-1}}$ なので，自発的に進行する．このことは，式(5.1)を分けた式(5.2)の反応と式(5.3)の反応により，**電池をつくれる**，ということを意味する．

図 5.1 のように，ガラス容器を素焼きの板で仕切り，左側には硫酸亜鉛(Ⅱ)水溶液を入れて亜鉛板を浸す．右側には硫酸銅(Ⅱ)水溶液を入れて銅板を浸す．金属の導線を使い，抵抗器を介して亜鉛板と銅板をつなぐと，左側の亜鉛板の表面では式(5.2)の酸化反応が起こり，亜鉛板に電子が残される．同時に，右側の銅板の表面では式(5.3)の還元反応が起こり，銅板の電子が消費される．

亜鉛版では電子が余って負の電荷をもつようになり，銅板では電子が不足して正の電荷をもつようになる．このとき反応と同時に，電子が亜鉛版から，導線を通って銅板へと流れ込むことで，二つの金属板の間の電荷の偏りは解消される．

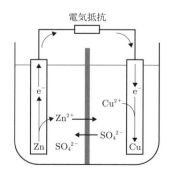

図 5.1 Daniell 電池
この図では，化学量論については考慮していない．

　電荷の偏りは，溶液中でも起こる．左側の溶液では亜鉛（Ⅱ）イオンが生じるために正の電荷が余るようになり，右側の溶液では銅（Ⅱ）イオンが消費されることで正の電荷が不足するようになる．そのため，反応と同時に，溶液や素焼きの板の細かい孔を通って，左側の溶液から右側の溶液へと亜鉛（Ⅱ）イオンが移動したり，あるいは右側の溶液から左側の溶液へと硫酸イオンが移動したりすることで，左右の溶液間における電荷の偏りが打ち消される．

　つまり，金属中の電荷の偏りは電子の動き，溶液中の電荷の偏りはイオンの動きによって解消されるのである．電流は正の電荷の流れと定義されているため，電流は導線中を，銅板から亜鉛板に向かって流れる．負の電荷をもつ電子の流れとは逆である．溶液中では，電流は亜鉛板から銅板に向かって流れる．すなわち電流は，銅板→導線→亜鉛板→溶液→銅板，と流れて一周する．この電流が流れる回路が，**電気化学回路**である．

　この電気化学回路の導線に抵抗器がつながれていると，電流が通過することによって，抵抗器がジュール熱を発生する．系がもっていた化学的なエネルギーが電気エネルギーになり，それが熱に変化するということである．もちろん，電球を光らせたり，モーターを回すなどの**仕事**もできる．

　このように，酸化反応と還元反応という二つの半反応の組合せを通じて，化学的なエネルギーを電気的なエネルギーに変える素子を**化学電池**あるいは単に電池とよぶ．図5.1に示す電池は，1836年にイギリスのDaniellが考案した **Daniell**（ダニエル）**電池**である．

5.1.3　電池の構成

　ここで，亜鉛板や銅板のように，その表面で酸化反応や還元反応を起こし，還元剤から電子を受け取って導線に流し，また導線から受け取った電子を酸化剤に渡す役割を果たす**電子伝導性**（電子を伝える性質）の物体を**電極**とよぶ．とくに，電子を導線に流し出す電極を**負極**とよび，導線から電子が流れ込む電極を**正極**とよぶ．

　電極の間をつなぐ液体には，陽イオンと陰イオンが溶解し，それらが別々に，あるいはその一方が動けることが必要である．そのような液体を**電解液**とよぶ．塩，酸，アルカリの何れかを溶媒に溶解させたものか，あるいは液体の塩（イオン液体または溶融塩）を用いる．イオンが動けるなら固体でもかまわない．その

場合には**固体電解質**とよぶ.

なお, イオンによって電荷を運ぶ能力を**イオン伝導性**とよび, 電子伝導性と区別する. 導電性または電気伝導性という用語は, 電子伝導性とイオン伝導性の両方を指す場合と, 電子伝導性のみを指す場合がある.

5.1.4 電池の起電力と電圧

電池の負極と正極を, きわめて大きな電気抵抗を介して導線でつないだ場合, 電流はほとんど流れない. 電気抵抗が無限大の場合に, その電池の**電圧**, すなわち二つの電極の間の**電位差**が, 最大となる. そのときの電圧が, **起電力**である. 電池の起電力は, 正極の電位から負極の電位を差し引いたものである.

また, 標準状態における起電力を**標準起電力**とよぶ. 標準状態では, すべての物質の活量は1である. 標準起電力は$-\Delta G°/nF$と与えられるため, 標準起電力を測定すれば, その反応の$\Delta G°$を知ることができる. ここで, nは反応電子数, Fは**Faraday**(ファラデー)**定数**($F = 96\,485\ \mathrm{C\ mol^{-1}}$)である.

電池を使用するとき, すなわち電流が流れているときの電池の電圧は, 起電力よりも低くなる. これは, 電池自体が電気抵抗をもつからである. 電池がもつ電気抵抗を, **内部抵抗**とよぶ. 内部抵抗は必ずしも一定ではなく, 電流値に依存したり, 放電に伴って変化したりする. 起電力を$\Delta E[\mathrm{V}]$, 内部抵抗を$R_{\mathrm{in}}[\Omega]$とすると, $I[\mathrm{A}]$の電流が流れるときの電圧ΔE_{dc}は, Ohm(オーム)の法則より, 次式で与えられる.

$$\Delta E_{\mathrm{dc}} = \Delta E - I R_{\mathrm{in}} \tag{5.4}$$

上述のように, 電池は仕事をすることができる. 時間あたりにできる仕事, すなわち**仕事率**(**電力**)は, $\Delta E_{\mathrm{dc}} I\ [\mathrm{W}]$である.

5.1.5 標 準 電 位

あらゆる酸化還元反応は, 半反応の組合せである. したがって, 一方の半反応を下記の式(5.5)の反応に定め, それと, ある半反応を組み合わせて, 標準起電力を調べることができる.

$$\mathrm{H^+(aq)} + \mathrm{e^-} \;\rightleftharpoons\; \frac{1}{2}\,\mathrm{H_2(g)} \tag{5.5}$$

たとえば，式(5.6)の反応を組み合わせたとしよう．

$$\text{Zn}^{2+}(\text{aq}) + 2\text{e}^- \;\rightleftharpoons\; \text{Zn}(\text{s}) \tag{5.6}$$

　式(5.5)の平衡反応は，水素イオンと水素の活量をともに1とし，安定な金属電極(ここでは白金とする)の表面で起こさせる．このような電極を**標準水素電極**とよぶ．式(5.6)の反応には，亜鉛を電極として用いる．亜鉛が純粋であれば，その活量は1である．溶液中の亜鉛(Ⅱ)イオンの活量も1とする．このとき得られる標準起電力は0.76 Vである．亜鉛のほうが負極で，白金は正極となる．つまり，亜鉛と亜鉛(Ⅱ)イオンの酸化還元対を，水素と水素イオンの酸化還元対と比較すると，前者のほうが電子を放出しやすく，後者のほうが電子を受け取りやすい，ということである．

　式(5.5)の反応と式(5.7)の反応を組み合わせた場合には，標準起電力は0.34 Vとなり，銅が正極，白金は負極となる．

$$\text{Cu}^{2+}(\text{aq}) + 2\text{e}^- \;\rightleftharpoons\; \text{Cu}(\text{s}) \tag{5.7}$$

銅と銅(Ⅱ)イオンの酸化還元対を，水素と水素イオンの酸化還元対と比較すると，前者のほうが電子を受け取りやすく，後者のほうが電子を放出しやすい，ということである．

　つまり，ある酸化還元対の半反応に基づく電極を標準水素電極と組み合わせて電池をつくり，その標準起電力を測定して，どちらが負極または正極かを調べる．そうすれば，その酸化還元対が，標準水素電極と比べてどれだけ電子を放出しやすいか，あるいは受け取りやすいかわかる．あらゆる酸化還元対どうしを比べることもできる．その値が，**標準電位(標準電極電位)**$E°$である．標準水素電極の電位は0.00 Vと決め，標準水素電極よりも電子を放出しやすい場合には負の電位，電子を受け取りやすい場合には正の電位とする．したがって，式(5.6)の反応の標準電位は-0.76 V，式(5.7)の反応の標準電位は$+0.34$ Vである．

　標準電位は，とくに断りがない限り標準水素電極を基準とするが，標準水素電極を基準としていることをより明確に示す場合には，-0.76 V *vs.* SHE などと表記する．SHE は，standard hydrogen electrode の略である．NHE (normal hydrogen electrode)とよぶ場合もある．

5.1.6　電気化学系列

　ある酸化還元対の半反応に対して，一つの標準電位が与えられる．これを標準

表 **5.1**   水溶液中における反応の標準電位

反　応	標準電位 /V
$F_2 + 2H^+ + 2e^- \rightleftharpoons 2HF$	$+3.053$
$O_3 + 2H^+ + 2e^- \rightleftharpoons O_2 + H_2O$	$+2.075$
$Ag^{2+} + e^- \rightleftharpoons Ag^+$	$+1.980$
$H_2O_2 + 2H^+ + 2e^- \rightleftharpoons 2H_2O$	$+1.763$
$Au^+ + e^- \rightleftharpoons Au$	$+1.83$
$PbO_2 + SO_4^{2-} + 4H^+ + 2e^- \rightleftharpoons PbSO_4 + 2H_2O$	$+1.698$
$HClO_2 + 2H^+ + 2e^- \rightleftharpoons HClO + H_2O$	$+1.674$
$2HClO + 2H^+ + 2e^- \rightleftharpoons Cl_2 + 2H_2O$	$+1.630$
$Au^{3+} + 3e^- \rightleftharpoons Au$	$+1.52$
$MnO_4^- + 8H^+ + 5e^- \rightleftharpoons Mn^{2+} + 4H_2O$	$+1.51$
$Cl_2 + 2e^- \rightleftharpoons 2Cl^-$	$+1.358$
$O_2 + 4H^+ + 4e^- \rightleftharpoons 2H_2O$	$+1.229$
$ClO_4^- + 2H^+ + 2e^- \rightleftharpoons ClO_3^- + H_2O$	$+1.201$
$ClO_2 + H^+ + e^- \rightleftharpoons HClO_2$	$+1.188$
$Pt^{2+} + 2e^- \rightleftharpoons Pt$	$+1.188$
$ClO_3^- + 2H^+ + e^- \rightleftharpoons ClO_2 + H_2O$	$+1.175$
$Pd^{2+} + 2e^- \rightleftharpoons Pd$	$+0.915$
$Ag^+ + e^- \rightleftharpoons Ag$	$+0.799$
$Fe^{3+} + e^- \rightleftharpoons Fe^{2+}$	$+0.771$
$O_2 + 2H^+ + 2e^- \rightleftharpoons H_2O_2$	$+0.695$
$I_2 + 2e^- \rightleftharpoons 2I^-$	$+0.536$
$Cu^+ + e^- \rightleftharpoons Cu$	$+0.520$
$Cu^{2+} + 2e^- \rightleftharpoons Cu$	$+0.340$
$AgCl + e^- \rightleftharpoons Ag + Cl^-$	$+0.222$
$Cu^{2+} + e^- \rightleftharpoons Cu^+$	$+0.159$
$2H^+ + 2e^- \rightleftharpoons H_2$	0.000
$Ni^{2+} + 2e^- \rightleftharpoons Ni$	-0.257
$PbSO_4 + 2e^- \rightleftharpoons Pb + SO_4^{2-}$	-0.351
$Cd^{2+} + 2e^- \rightleftharpoons Cd$	-0.403
$Fe^{2+} + 2e^- \rightleftharpoons Fe$	-0.44
$Fe(OH)_3 + e^- \rightleftharpoons Fe(OH)_2 + OH^-$	-0.556
$Zn^{2+} + 2e^- \rightleftharpoons Zn$	-0.763
$Fe(OH)_2 + 2e^- \rightleftharpoons Fe + 2OH^-$	-0.891
$Al^{3+} + 3e^- \rightleftharpoons Al$	-1.676
$Mg^{2+} + 2e^- \rightleftharpoons Mg$	-2.356
$Na^+ + e^- \rightleftharpoons Na$	-2.714
$Ca^{2+} + 2e^- \rightleftharpoons Ca$	-2.84
$K^+ + e^- \rightleftharpoons K$	-2.925
$Li^+ + e^- \rightleftharpoons Li$	-3.045

電気化学便覧(第 5 版)，電気化学会編，丸善出版，**2000**, pp. 92-95 より抜粋.

電位の値の順に並べたものが**電気化学系列**である．表5.1に，一部の酸化還元対についての電気化学系列をまとめた．この表から，二つの半反応を組み合わせてできる酸化還元反応が自発的に起こるのか，エネルギーを加えなければ起きないのかを知ることができる．また，二つの半反応を組み合わせて電池ができるのか，電圧を加えないと反応が起きないのかを知ることもできる．

　なお，いわゆる**イオン化傾向**は，標準電位がより負であるものから順に，金属と水素を並べたものである．

5.1.7　標 準 起 電 力

　表5.1の各々の半反応に与えられるのは標準電位であり，標準起電力は，二つの半反応の組合せに対して与えられるものである．ここでもう一度，標準水素電極(式(5.8))と，亜鉛と亜鉛(Ⅱ)イオンの酸化還元対(式(5.9))を例にとって考えよう．

$$2H^+(aq) + 2e^- \quad \rightleftharpoons \quad H_2(g), \qquad E° = 0.00\ V \qquad (5.8)$$
$$Zn^{2+}(aq) + 2e^- \quad \rightleftharpoons \quad Zn(s), \qquad E° = -0.76\ V \qquad (5.9)$$

この組合せでは，標準状態において，式(5.8)のほうがより正の電位なので，標準水素電極の白金電極が正極となる．一方，式(5.9)のほうが負の電位なので，亜鉛が負極となる．二つの電極を導線でつなげば，負極から正極へと電子が流れ，式(5.8)は左辺から右辺へ，式(5.9)は右辺から左辺へと進む．

　これは，1800年にイタリアのVoltaが考案した，**Volta**(ボルタ)**の電池**である．二つの反応を合わせると式(5.10)となり，その標準起電力は0.76 Vである．

$$Zn(s) + 2H^+(aq) \quad \longrightarrow \quad Zn^{2+}(aq) + H_2(g), \qquad \Delta E° = 0.76\ V \qquad (5.10)$$

この反応の反応 Gibbs エネルギー $\Delta G°$ は，$\Delta G° = -nF\Delta E°$ より，-147 kJ mol^{-1} である．

　つまり，表5.1から任意の二つの半反応を取り出して組み合わせたとき，表のより上にあるほうが正極となり，左辺から右辺へと反応が進み，下にあるほうは負極となって，右辺から左辺へと反応が進む．そしてその標準起電力は，上の半反応の $E°$ から下の $E°$ を差し引いたものである．

　同じ半反応の組合せでも，逆向きに反応させたい場合は，逆向きの電圧を加える必要がある．上記の例でいえば，式(5.11)の反応である．

$$Zn^{2+}(aq) + H_2(g) \quad \longrightarrow \quad Zn(s) + 2H^+(aq) \qquad (5.11)$$

この反応の反応 Gibbs エネルギー ΔG° は $147\,\mathrm{kJ\,mol^{-1}}$ である．このように電圧を加えて非自発的反応を行わせることを，電池の場合には**充電**とよぶ．電池でなければ**電解**という．なお，Volta の電池では，とくに工夫をしない限り，放電時に生成した水素が逃げてしまうため，充電することは難しい．

電解では，酸化反応が起こる電極を陽極，還元反応が起こる電極を陰極とよぶ．つまり式(5.11)の例では，標準水素電極が陽極であり，亜鉛が陰極である．なお英語では，電池でも電解でも，酸化反応が起こる電極をアノード，還元反応が起こる電極をカソードとよぶ．電池の場合には，放電時と充電時とで酸化と還元が起こる電極が入れ替わるが，放電時を基準としてよぶことに統一されている．

5.2 Nernst 式と平衡定数

5.2.1 Nernst 式

ある酸化還元対の標準電位は，表 5.1 などを見ればわかるが，これはあくまで標準状態における電位である．任意の状態における電位 E は，**Nernst**（ネルンスト）**式**で与えられる．

$$E = E^\circ - \frac{RT}{nF} \ln \frac{a(\mathrm{red})}{a(\mathrm{ox})} \tag{5.12}$$

ここで，R は気体定数，T は絶対温度である．$a(\mathrm{red})$ と $a(\mathrm{ox})$ はそれぞれ，酸化還元対の還元体 red と酸化体 ox の活量である．酸化還元対の反応は，次式のとおりである．

$$\mathrm{ox} + n\mathrm{e}^- \;\rightleftharpoons\; \mathrm{red} \tag{5.13}$$

定性的に説明するならば，以下のとおりである．酸化還元対のうち還元体が多ければ，電子を与える傾向となるため，電位は標準電位より負になる．逆に，酸化体が多ければ，電子を受け取る傾向となるため，標準電位より正になる．

鉄（Ⅱ）イオンと鉄（Ⅲ）イオンを含む水溶液に安定な白金電極を入れた場合，その半反応は式(5.14)で与えられ，電極の電位は式(5.15)で与えられる．

$$\mathrm{Fe^{3+}} + \mathrm{e}^- \;\rightleftharpoons\; \mathrm{Fe^{2+}} \tag{5.14}$$

$$E = E^\circ - \frac{RT}{F} \ln \frac{a(\mathrm{Fe^{2+}})}{a(\mathrm{Fe^{3+}})} \tag{5.15}$$

鉄（Ⅱ）イオンと鉄（Ⅲ）イオンの活量が等しければ，その電位は $E°$ に等しく，＋0.77 V である．鉄（Ⅱ）イオンの活量が鉄（Ⅲ）イオンの活量の 10 倍であれば，電位は $E° - (RT/F) \ln 10$ となる．25 ℃であれば，$(RT/F) \ln 10 = 59.2$ mV なので，電位は ＋0.71 V である．

より複雑な式で与えられる半反応，たとえば式（5.16）の場合は，Nernst 式は式（5.17）で与えられる．

$$\alpha_1 ox_1 + \alpha_2 ox_2 + \cdots + ne^- \rightleftharpoons \beta_1 red_1 + \beta_2 red_2 + \cdots \tag{5.16}$$

$$E = E° - \frac{RT}{nF} \ln \frac{a(red_1)^{\beta_1} a(red_2)^{\beta_2} \cdots}{a(ox_1)^{\alpha_1} a(ox_2)^{\alpha_2} \cdots} \tag{5.17}$$

たとえば水と酸素の間の酸化還元反応，すなわち式（5.18）の反応の場合，Nernst 式は式（5.19）で与えられる．

$$O_2 + 4H^+ + 4e^- \rightleftharpoons 2H_2O \tag{5.18}$$

$$E = E° - \frac{RT}{4F} \ln \frac{a(H_2O)^2}{a(O_2)a(H^+)^4}$$

$$= E° - \frac{RT}{4F} (4(\ln 10)pH - \ln a(O_2)) \tag{5.19}$$

たとえば 25 ℃で，酸素の活量が 1，pH が 1 であれば，白金電極の電位は ＋1.17 V である．pH が 1 増えるごとに，電位は 59.2 mV ずつ負側へずれる．

5.2.2 電池の放電と起電力の変化

電池の起電力 ΔE は式（5.20），標準起電力 $\Delta E°$ は式（5.21）で与えられる．

$$\Delta E = E_+ - E_- \tag{5.20}$$

$$\Delta E° = E°_+ - E°_- \tag{5.21}$$

ここで，E_+ と E_- はそれぞれ，正極と負極の電位であり，$E°_+$ と $E°_-$ は正極と負極の標準電位である．

図 5.1 の Daniell 電池の起電力 ΔE は，次の式で与えられる．

$$\Delta E = E_+ - E_-$$

$$= \left(E°_+ - \frac{RT}{2F} \ln \frac{a(Cu)}{a(Cu^{2+})} \right) - \left(E°_- - \frac{RT}{2F} \ln \frac{a(Zn)}{a(Zn^{2+})} \right)$$

$$= \Delta E° - \frac{RT}{2F} \ln \frac{a(Cu)a(Zn^{2+})}{a(Cu^{2+})a(Zn)} \tag{5.22}$$

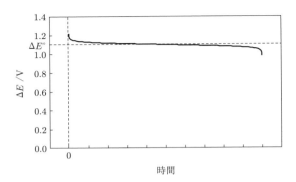

図 **5.2** Daniell 電池の放電に伴う起電力の変化

固体の活量を 1 として整理すると，次式となる．

$$\Delta E = \Delta E^\circ - \frac{RT}{2F} \ln \frac{a(\mathrm{Zn^{2+}})}{a(\mathrm{Cu^{2+}})} \tag{5.23}$$

　この式からもわかるとおり，右側の溶液の銅（Ⅱ）イオンの活量を，左側の溶液の亜鉛（Ⅱ）イオンの活量より高くするほど，起電力は大きくなる．Daniell 電池の標準起電力は 1.10 V だが，$a(\mathrm{Zn^{2+}})/a(\mathrm{Cu^{2+}})=0.01$ とすれば，起電力は 1.16 V となる．しかし，放電が進むにつれ，$a(\mathrm{Zn^{2+}})/a(\mathrm{Cu^{2+}})$ の値は徐々に増大していく．そして $a(\mathrm{Zn^{2+}})/a(\mathrm{Cu^{2+}})=100$ となると，起電力は 1.04 V まで低下する．

　図 5.2 に，$a(\mathrm{Zn^{2+}})/a(\mathrm{Cu^{2+}})$ が 10^{-4} から 10^4 となるまでの電圧変化を示す．反応は一定の速度で進む，すなわち一定の電流値で放電させたものとする．$a(\mathrm{Zn^{2+}})/a(\mathrm{Cu^{2+}})$ の値を小さくすることで初期の起電力を大きくすることができるものの，放電開始後すみやかに起電力は低下し，おおよそ一定の値（ΔE°）となることがわかる．

5.2.3 平 衡 定 数

　前項では Daniell 電池について考えたが，一般化した酸化還元反応，すなわち式(5.24)の反応について考えてみよう．

$$x_1 \mathrm{X}_1 + x_2 \mathrm{X}_2 + \cdots \ \rightleftharpoons \ y_1 \mathrm{Y}_1 + y_2 \mathrm{Y}_2 + \cdots \tag{5.24}$$

この反応についても起電力 ΔE を考えることができる．式(5.22)と同様に考える

と，次式が得られる．

$$\Delta E = \Delta E^\circ - \frac{RT}{nF} \ln \frac{a(\mathrm{Y_1})^{y_1} a(\mathrm{Y_2})^{y_2} \cdots}{a(\mathrm{X_1})^{x_1} a(\mathrm{X_2})^{x_2} \cdots} \tag{5.25}$$

ところで，この反応の**平衡定数** K は，次式で与えられる．

$$K = \frac{a(\mathrm{Y_1})^{y_1} a(\mathrm{Y_2})^{y_2} \cdots}{a(\mathrm{X_1})^{x_1} a(\mathrm{X_2})^{x_2} \cdots} \tag{5.26}$$

平衡状態では $\Delta E = 0$ となる．したがって，式(5.25)と式(5.26)より，次式が導かれる．

$$\ln K = \frac{nF\Delta E^\circ}{RT} \tag{5.27}$$

25℃で $n=1$ の場合，ΔE° が 0 V であれば $K=1$ であり，1 V なら $K = 8 \times 10^{17}$ となる．

5.3　酸化と還元に関する図

5.3.1　Latimer 図

Latimer（ラチマー）図の例を図 5.3〜5.5 に示す．Latimer 図では，ある元素がさまざまな酸化状態をとるとき，より酸化された状態のものを左に，より還元された状態のものを右におき，それらの間を線で結ぶ．そして，線で結んだ酸化還元対に対する標準電位を，その上に書く．

図 5.3 は，酸性溶液中における塩素の Latimer 図である．図 5.4 は銅，図 5.5

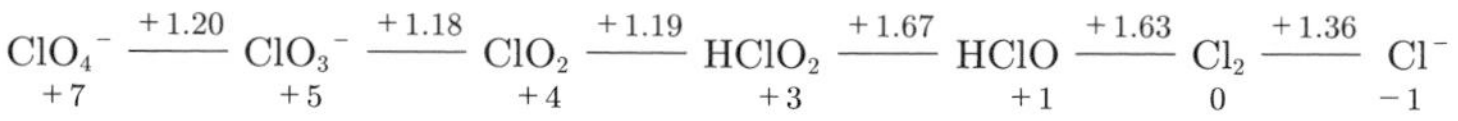

$$\underset{+7}{\mathrm{ClO_4^-}} \xrightarrow{+1.20} \underset{+5}{\mathrm{ClO_3^-}} \xrightarrow{+1.18} \underset{+4}{\mathrm{ClO_2}} \xrightarrow{+1.19} \underset{+3}{\mathrm{HClO_2}} \xrightarrow{+1.67} \underset{+1}{\mathrm{HClO}} \xrightarrow{+1.63} \underset{0}{\mathrm{Cl_2}} \xrightarrow{+1.36} \underset{-1}{\mathrm{Cl^-}}$$

図 **5.3**　塩素の Latimer 図

$$\underset{+2}{\mathrm{Cu^{2+}}} \xrightarrow[\quad+0.34\quad]{+0.16} \underset{+1}{\mathrm{Cu^+}} \xrightarrow{+0.52} \underset{0}{\mathrm{Cu}}$$

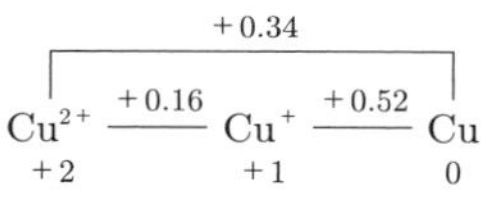

図 **5.4**　銅の Latimer 図

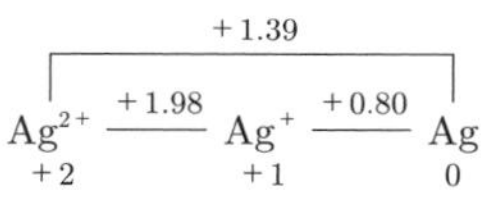

$$\underset{+2}{\mathrm{Ag^{2+}}} \xrightarrow[\quad+1.39\quad]{+1.98} \underset{+1}{\mathrm{Ag^+}} \xrightarrow{+0.80} \underset{0}{\mathrm{Ag}}$$

図 **5.5**　銀の Latimer 図

は銀の Latimer 図である．何れも表 5.1 の標準電位をもとに作成した．Latimer
図によって，ある元素が，どのような電位でどのような物質に変化するかがわか
る．

ところで，表 5.1 には Ag^{2+}/Ag^+ の半反応（式(5.28)）と，Ag^+/Ag の半反応
（式(5.29)）の標準電位は載っているが，Ag^{2+}/Ag の半反応（式(5.30)）の標準電位
は載っていない．

$$Ag^{2+} + e^- \rightleftharpoons Ag^+, \qquad E°(Ag^{2+}/Ag^+) = +1.98\ V \qquad (5.28)$$

$$Ag^+ + e^- \rightleftharpoons Ag, \qquad E°(Ag^+/Ag) = +0.80\ V \qquad (5.29)$$

$$Ag^{2+} + 2e^- \rightleftharpoons Ag, \qquad E°(Ag^{2+}/Ag) = ? \qquad (5.30)$$

このような場合には，どのように $E°(Ag^{2+}/Ag)$ の値を求めればよいだろうか．
表 5.1 に載っている「ある半反応」の標準電位 $E°$ は，標準水素電極（式(5.8)）を基
準にした値である．つまり，その $E°$ の値の絶対値は，その半反応と標準水素電
極を組み合わせたものの標準起電力 $\Delta E°$ に等しい．その半反応が式(5.29)だとす
れば，電池の反応は式(5.31)である．

$$2Ag^+ + H_2(g) \longrightarrow 2Ag + 2H^+, \qquad \Delta E° = 0.80\ V \qquad (5.31)$$

標準起電力 $\Delta E°$ は，その電池の反応 Gibbs エネルギー $\Delta G°$ と次式の関係をも
つ．

$$\Delta E° = -\Delta G°/nF \qquad (5.32)$$

ここで，$\Delta G°$ には反応の「方向」が重要だが，表 5.1 の各半反応は平衡反応であ
り，方向を定めていない．しかし，左辺から右辺への「右向き」の反応，すなわち
還元反応を考えれば，

$$E° = -\Delta G°/nF \qquad (5.33)$$

が成り立つ．

さて，式(5.30)の反応は，式(5.28)と式(5.29)を足し合わせたものなので，そ
れぞれの右向きの半反応を標準水素電極の左向きの半反応と組み合わせたものの
反応 Gibbs エネルギー $\Delta G°(Ag^{2+}→Ag)$，$\Delta G°(Ag^{2+}→Ag^+)$，$\Delta G°(Ag^+→Ag)$ の
間には，次の関係が成り立つ．

$$\Delta G°(Ag^{2+}→Ag) = \Delta G°(Ag^{2+}→Ag^+) + \Delta G°(Ag^+→Ag) \qquad (5.34)$$

式(5.33)と式(5.34)より，次式が得られる．

$$2E°(Ag^{2+}/Ag) = E°(Ag^{2+}/Ag^+) + E°(Ag^+/Ag) \qquad (5.35)$$

この式から，$E°(Ag^{2+}/Ag)$ を求めることができる．

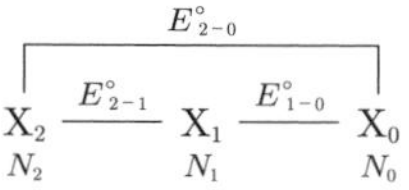

$$\overbrace{\underset{N_2}{X_2} \xrightarrow{E^\circ_{2-1}} \underset{N_1}{X_1} \xrightarrow{E^\circ_{1-0}} \underset{N_0}{X_0}}^{E^\circ_{2-0}}$$

図 **5.6**　一般化した系の Latimer 図

より一般化すると，図 5.6 の Latimer 図で表される，ある元素の系について，E°_{2-0}, E°_{2-1}, E°_{1-0} の間には次の関係が成り立つ.

$$(N_2 - N_0)E^\circ_{2-0} = (N_2 - N_1)E^\circ_{2-1} + (N_1 - N_0)E^\circ_{1-0} \tag{5.36}$$

ここで，N_0, N_1, N_2 はそれぞれ，物質 X_0, X_1, X_2 が含む，対象としている元素の酸化数である. E°_{2-1} と E°_{1-0} から E°_{2-0} を求めることができ，E°_{2-0} と E°_{2-1} から E°_{1-0} を求めることもできる.

5.3.2　Frost 図

ある元素の酸化数 0 の状態と，酸化数 N の状態との間の平衡反応について，その標準電位が E° とすると，NE° を N に対してプロットしたものが，その元素の **Frost**（フロスト）図である. 図 5.3 の，塩素の Latimer 図をもとに作成した Frost 図を図 5.7 に示す. 図の作成に際しては，必要に応じて式(5.36)を利用する.

ここで，ある点とその右隣の点とを結ぶ線の傾きについて考える. その点は図 5.6 の Latimer 図の X_1, 右隣の点は X_2, そして原点にあたる酸化数 0 の状態が X_0 であるとしよう. つまり，$N_0 = 0$ である. このとき，二つの点（X_1 と X_2 に対

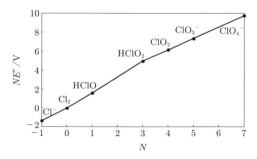

図 **5.7**　塩素の Frost 図

応する点)を結ぶ直線の傾きは，$(N_2 E°_{2-0} - N_1 E°_{1-0})/(N_2 - N_1)$である．そして，式(5.36)と$N_0 = 0$より，この傾きは$E°_{2-1}$に等しい．ここで，還元反応，すなわちFrost図上で右から左への反応を考えれば，式(5.33)より，傾きは$-\Delta G°(X_2 \to X_1)/(N_2 - N_1)F$に等しいということになる．ここでは$N_2 - N_1 > 0$なので，傾きが正なら，右から左への反応は自発的である．

　左から右への反応については，傾きは$\Delta G°(X_1 \to X_2)/(N_2 - N_1)F$に等しく，傾きが負なら，自発的である．両者をまとめると，「Frost図上のある点から，その隣りの点への半反応を標準水素電極と組み合わせた酸化還元反応は，それを結ぶ線が下り坂であれば自発的であり，上り坂であれば非自発的である」となる．つまり標準状態においては，「図の一番下にある点の状態が最も安定」ということである．

　また，ある点が，その右隣と左隣の点を結ぶ直線よりも上にある場合を考えてみよう．図5.8の銅(I)イオンが，それに該当する．この場合，銅(I)イオンから銅(II)イオンへの上り坂より，銅(I)イオンから金属状態の銅(0)への下り坂のほうが急である．したがって，銅(I)イオンから銅(II)イオンと銅(0)へ変化する**不均化**反応，すなわち式(5.37)の反応が起きたほうが，系全体は安定化することになる．

$$2Cu^+(aq) \longrightarrow Cu^{2+}(aq) + Cu(s) \tag{5.37}$$

　一方，ある点が，右隣と左隣の点を結ぶ直線よりも下にある場合はどうだろうか．このときは**均等化**(均一化，均化，共均化)反応が起こったほうが，系全体が安定化する．図5.9の銀(I)イオンの場合などである．

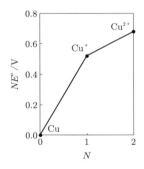

図 **5.8** 銅の Frost 図

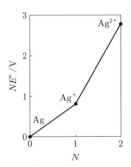

図 **5.9** 銀の Frost 図

$$Ag^{2+}(aq) + Ag(s) \longrightarrow 2Ag^+(aq) \tag{5.38}$$

いうまでもなく，銀（II）イオンと銀(0)が共存している場合にのみ，この反応が起こる．

このように，各点の配置から，その系における反応の熱力学的な傾向を知ることができる．ただし，あらためて注意しなければならないのは，各半反応の相手となる半反応は，常に標準水素電極だということである．水素イオンの活量が1でない場合，すなわち pH が0でない場合について，別途 Frost 図を作成する場合も多い．このとき，pH のシフトによって水素電極の電位がシフトすることと，水素イオンや水酸化物イオンが関与する半反応の電位がシフトすることを，Nernst 式に基づいて考慮する必要がある．

5.3.3　Pourbaix 図

ある元素が，ある電位，ある pH において，どのような化学種として存在するのが安定なのかを示すのが，**Pourbaix**（プールベ）**図**である．**電位-pH 図**ともよばれる．例として，図 5.10 に鉄の Pourbaix 図を示す．

破線が2本あるが，そのうち上の破線は，水と酸素の間の半反応を示す．

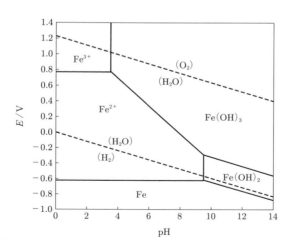

図 **5.10**　鉄の Pourbaix 図

$$O_2 + 4H^+ + 4e^- \; \rightleftharpoons \; 2H_2O, \qquad E^\circ = +1.229 \text{ V} \tag{5.39}$$

その電位は Nernst 式より, 酸素の活量を 1 とすれば,

$$E = 1.229 - 0.059\,\text{pH} \tag{5.40}$$

である. 下の破線は水素イオンと水素の間の半反応である.

$$2H^+ + 2e^- \; \rightleftharpoons \; H_2, \qquad E^\circ = 0.000 \text{ V} \tag{5.41}$$

水素の活量を 1 とすれば, その電位は,

$$E = -0.059\,\text{pH} \tag{5.42}$$

である. これら 2 本の破線に挟まれた領域では, 水は安定であり, それより上では酸素に酸化され, 下では水素に還元されることを示す.

実線は, 鉄の, ある二つの化学種の間の半反応に対応する. その標準電位と, 必要に応じて Nernst 式を用いて, その線を決定する. たとえば, 鉄(II)イオンと鉄(0)の間の半反応は式(5.43), その電位は式(5.44)で与えられる.

$$Fe^{2+} + 2e^- \; \rightleftharpoons \; Fe, \qquad E^\circ = -0.440 \text{ V} \tag{5.43}$$

$$E = -0.440 + \frac{0.059}{2}\log[Fe^{2+}] \tag{5.44}$$

ここで, $\log[Fe^{2+}] = -6$(あるいは -4 や -2)とすれば, 直線を引くことができる. 図の上では, 水平の線となる.

同様に, 鉄(III)イオンと鉄(II)イオンの間の半反応は式(5.45), その電位は式(5.46)で与えられる.

$$Fe^{3+} + e^- \; \rightleftharpoons \; Fe^{2+}, \qquad E^\circ = +0.771 \text{ V} \tag{5.45}$$

$$E = 0.771 - 0.059 \log\frac{[Fe^{2+}]}{[Fe^{3+}]} \tag{5.46}$$

$[Fe^{2+}] = [Fe^{3+}]$ とすれば, $E = +0.771$ である.

酸化物や水酸化物についても同様に扱う.

$$Fe(OH)_2 + 2H^+ + 2e^- \; \rightleftharpoons \; Fe + 2H_2O, \qquad E^\circ = -0.047 \text{ V} \tag{5.47}$$

$$E = -0.047 - 0.059\,\text{pH} \tag{5.48}$$

$$Fe(OH)_3 + H^+ + e^- \; \rightleftharpoons \; Fe(OH)_2 + H_2O, \qquad E^\circ = +0.270 \text{ V} \tag{5.49}$$

$$E = 0.270 - 0.059\,\text{pH} \tag{5.50}$$

$$Fe(OH)_3 + 3H^+ + e^- \; \rightleftharpoons \; Fe^{2+} + 3H_2O, \qquad E^\circ = +1.060 \text{ V} \tag{5.51}$$

$$E = 1.060 - 0.059\log[Fe^{2+}] - (0.059 \times 3)\,\text{pH} \tag{5.52}$$

何れも pH に依存するため, 傾いた直線となる. これらの水酸化物は不溶であるため, 活量は 1 としている. 式(5.52)については, $\log[Fe^{2+}]$ の値を式(5.44)の場

合と同じとする.

　また，鉄イオンとその水酸化物との間における平衡についても考慮する.

$$\mathrm{Fe(OH)_2 + 2H^+} \;\rightleftharpoons\; \mathrm{Fe^{2+} + 2H_2O}, \qquad K = 12.9 \tag{5.53}$$

$$\mathrm{pH} = \frac{12.9 - \log[\mathrm{Fe^{2+}}]}{2} \tag{5.54}$$

$$\mathrm{Fe(OH)_3 + 3H^+} \;\rightleftharpoons\; \mathrm{Fe^{3+} + 3H_2O}, \qquad K = 3.9 \tag{5.55}$$

$$\mathrm{pH} = \frac{3.9 - \log[\mathrm{Fe^{3+}}]}{3} \tag{5.56}$$

式 (5.54) と式 (5.56) により，それぞれ垂直の線を引くことができる.

　それらをまとめると図 5.10 の Pourbaix 図が得られる．ここでは $\log[\mathrm{Fe^{2+}}]$ $= \log[\mathrm{Fe^{3+}}] = -6$ とした．実際の系では，さらにさまざまな化合物とその平衡関係が関与するため，もっと複雑な図になる．Pourbaix 図から，たとえばある金属が，その金属のまま安定に存在する条件，イオンに酸化される条件，表面が水酸化物や酸化物で覆われる条件などがわかる．その場合，イオン濃度の設定値は，どれくらいの濃度になれば酸化溶解が進むと判断するか，によって決める.

　温度が変われば，Pourbaix 図の様相も異なる．また，塩化物イオンや硫化物イオンなど，反応に関与する共存物質やその濃度によっても，Pourbaix 図は大きく変わる.

5.4 酸化剤と還元剤

5.4.1 反応の熱力学と速度論

　本節では，生活の中での，あるいは工業プロセスにおける酸化剤と還元剤について述べる．最も身近な水や酸素も，さまざまな酸化反応と還元反応に関与する．私たちの生命活動にも直接関係し，また金属の腐食など，物質の安定性にも影響する.

　ところで前節までは，電位などの熱力学的な観点から，酸化還元反応が起こるかどうかについて議論してきた．しかし，熱力学的には反応が起こるはずであっても，反応が観測できないほど遅いため，実質的に「反応しない」とみなされる場合も多い．そのような場合には，「熱力学的には反応するが，速度論的に反応しない」という．ここでは，速度論の詳細については扱わないが，熱力学的な観点

だけでなく，速度論的な観点からも議論する．

5.4.2 水による酸化反応

　水は，酸素へと酸化されたり，水素へと還元されたりする．すなわち，水は還元剤として，また酸化剤としてはたらくということである．まず，水による酸化反応について考えよう．そのとき，水は水素へと還元される．負の標準電位をもつ酸化還元対の還元体は，水を水素に還元できる．そして，自身は酸化される．いわゆる卑金属が典型的な例である．

　ある金属の Pourbaix 図において，水と水素の間の半反応の線よりも負の電位領域(つまり，下の破線よりも下)にしか純粋な金属の領域がないのであれば，その金属は，水と反応して陽イオンや水酸化物，酸化物などに酸化される．ただし，表面だけが酸化物に酸化され，その酸化物が金属を保護するため，それ以上酸化が進まない場合もある．これを**不動態化**という．マグネシウム，アルミニウム，鉄，亜鉛，チタンなどを，環境中でもほぼ安定に扱うことができるのは，不動態化のためである．アルミニウムの場合などは，電解により表面を酸化することで，積極的に不動態化を行う．これを**陽極酸化処理**とよぶ．

5.4.3 水による還元反応

　ある物質が水により還元される場合，水は酸素へと酸化される．+1.2 V 程度(pH にも依存する)より正の標準電位をもつ酸化還元対の酸化体は，熱力学的には水を酸素に酸化できる．Pourbaix 図において，水と酸素の間の半反応の線よりも正の電位領域(つまり，上の破線よりも上)にある化学種は，水によって還元される．

　しかしそれは熱力学的な観点からの話であり，速度論的には酸化できないものも多い．酸素分子の生成には，二つの水分子から四つの電子を奪い，酸素原子間の二重結合を形成しなければならないことが大きな理由である．たとえば，強い酸化剤である過マンガン酸の標準電位は +1.51 V だが，水溶液として使うことができる．これも，過マンガン酸による水の酸化速度が遅いからである．

　水による還元反応を行いたい，あるいは水から酸素を生成したい，という場合には，この速度論の問題が大きな障壁となる．植物の光合成では，水を電子源と

し，光のエネルギーを利用して，二酸化炭素の還元を行っている．ちなみに，その結果として生成する酸素は，もともと植物にとっては「電子の抜け殻」にすぎなかった．光合成を行う微生物では，Mn_4CaO_5 クラスターが水から電子を奪って酸素に酸化する役割を担っている．その他の遷移金属錯体の中にも，速度論的に水を酸化しやすいものがある．

5.4.4　酸素による酸化反応

　水と酸素の間における半反応の標準電位からわかるように，熱力学的にみれば，酸素は水よりもはるかに強い酸化剤である．Pourbaix 図において，水と酸素の間の半反応の線よりも負の電位領域（上の破線よりも下）にある化学種は，酸素によって酸化される．多くの金属がそうであり，図 5.10 を見れば，鉄（Ⅱ）イオンも酸素によって酸化されることがわかる．しかしこれらの反応も，水の酸素への酸化が遅いのと同様に，必ずしも速くはない．酸素分子に四つの電子を与えなければならないのが理由の一つである．

　多くの生物は，酸素を取り入れて呼吸をする．炭水化物などから電子を奪って酸素に渡し，そのときに電子が放出するエネルギーによって，生命活動をしているのである．植物が捨てた「電子の抜け殻」に電子を戻すことで，エネルギーを得ているということだ．人間の細胞の中にも呼吸システムがあり，鉄原子と銅原子を含む錯体が，酸素に電子を渡して水に還元する機能を果たしている．

5.4.5　配位子の効果

　金属イオンが配位子と錯形成すると，その標準電位は変化する．また，配位子の種類によっても標準電位は異なる．たとえば鉄イオンの場合は，下記のとおりである．

$$[Fe(bpy)_3]^{3+} + e^- \rightleftharpoons [Fe(bpy)_3]^{2+}, \qquad E° = +1.11 \text{ V} \qquad (5.57)$$

$$Fe^{3+} + e^- \rightleftharpoons Fe^{2+}, \qquad E° = +0.771 \text{ V} \qquad (5.58)$$

$$[Fe(CN)_6]^{3-} + e^- \rightleftharpoons [Fe(CN)_6]^{4-}, \qquad E° = +0.361 \text{ V} \qquad (5.59)$$

ここで，bpy とはビピリジンのことであり，1 分子で配位子二つ分に相当する 2 座配位子である．ちなみに Fe^{3+} や Fe^{2+} も，6 個の水分子を配位子とする錯体（アクア錯体，アコ錯体）である．

配位子が共存することで，金属の酸化されやすさも変化する．

$$\text{Fe}^{2+} + 2\text{e}^- \ \rightleftharpoons \ \text{Fe}, \qquad E° = -0.44 \text{ V} \qquad (5.60)$$

$$[\text{Fe(CN)}_6]^{4-} + 2\text{e}^- \ \rightleftharpoons \ \text{Fe} + 6\text{CN}^-, \qquad E° = -1.16 \text{ V} \qquad (5.61)$$

配位子によってイオンが安定化されれば，より負の電位で酸化されるようになる．貴金属も同様である．

$$\text{Au}^+ + \text{e}^- \ \rightleftharpoons \ \text{Au}, \qquad E° = +1.83 \text{ V} \qquad (5.62)$$

$$\text{Au}^{3+} + 3\text{e}^- \ \rightleftharpoons \ \text{Au}, \qquad E° = +1.52 \text{ V} \qquad (5.63)$$

$$[\text{AuI}_2]^- + \text{e}^- \ \rightleftharpoons \ \text{Au} + 2\text{I}^-, \qquad E° = +0.578 \text{ V} \qquad (5.64)$$

$$[\text{Au(SCN)}_4]^- + 3\text{e}^- \ \rightleftharpoons \ \text{Au} + 4\text{SCN}^-, \qquad E° = +0.636 \text{ V} \qquad (5.65)$$

こうして，金属を酸化溶解しやすくしたり，イオンを安定化したりできる．

5.4.6　その他の酸化剤，還元剤

最もよく使われる**酸化剤**は酸素だが，ほかにも，塩素やヨウ素などのハロゲン類は生活の中でもよく使用される．

$$\text{Cl}_2 + 2\text{e}^- \ \longrightarrow \ 2\text{Cl}^-, \qquad E° = +1.358 \text{ V} \qquad (5.66)$$

$$\text{I}_2 + 2\text{e}^- \ \longrightarrow \ 2\text{I}^-, \qquad E° = +0.536 \text{ V} \qquad (5.67)$$

塩素の殺菌作用や漂白作用は，その酸化作用によるものである．水道の殺菌には塩素のほか，オゾンも使われる．

$$\text{O}_3 + 2\text{H}^+ + 2\text{e}^- \ \longrightarrow \ \text{O}_2 + \text{H}_2\text{O}, \qquad E° = +2.075 \text{ V} \qquad (5.68)$$

また，過酸化水素も漂白などによく使われる．

$$\text{H}_2\text{O}_2 + 2\text{H}^+ + 2\text{e}^- \ \longrightarrow \ 2\text{H}_2\text{O}, \qquad E° = +1.763 \text{ V} \qquad (5.69)$$

ただし，過酸化水素は還元剤にもなる．

$$\text{H}_2\text{O}_2 \ \longrightarrow \ \text{O}_2 + 2\text{H}^+ + 2\text{e}^-, \qquad E° = +0.695 \text{ V} \qquad (5.70)$$

還元剤として古くからよく用いられてきたのは，炭素である．金属の乾式製錬では，金属の酸化物（MO_x）を炭素（コークス）などとともに加熱し，還元して金属を得る．

$$\text{MO}_x + x\text{C} \ \longrightarrow \ \text{M} + x\text{CO} \qquad (5.71)$$

なお，高温状態では二酸化炭素よりも一酸化炭素のほうが安定である．

また，水素も還元反応に使われる．

$$\text{H}_2 \ \longrightarrow \ 2\text{H}^+ + 2\text{e}^-, \qquad E° = 0.00 \text{ V} \qquad (5.72)$$

水素は，石油の改質やコークス製造の際に副次的に生成するほか，石油を水蒸気

と反応させて製造される.

5.4.7 電解による酸化, 還元

電解によって酸化反応や還元反応を行うことも多い. たとえば酸化剤やポリ塩化ビニルの原料などに使われる塩素は, 食塩水の電解によって製造する.

$$\text{陽極}：2Cl^- \longrightarrow Cl_2 + 2e^- \tag{5.73}$$

$$\text{陰極}：2H_2O + 2e^- \longrightarrow H_2 + 2OH^- \tag{5.74}$$

金属の製錬にも電解が使われる. 銅の製錬は下記のように行う.

$$\text{陽極(粗銅)}：Cu \longrightarrow Cu^+ + e^- \tag{5.75}$$

$$\text{陰極(純銅)}：Cu^+ + e^- \longrightarrow Cu \tag{5.76}$$

アルミニウムの製錬は, **Hall-Héroult**(ホール・エルー)**法**により行う. 加熱により融解した氷晶石(Na_3AlF_6)にフッ化ナトリウムと酸化アルミニウムを溶解させ, 電解する.

$$\text{陽極}：C + 2O^{2-} \longrightarrow CO_2 + 4e^- \tag{5.77}$$

$$\text{陰極}：Al^{3+} + 3e^- \longrightarrow Al \tag{5.78}$$

陽極には炭素電極を使うが, 式(5.77)の反応によって消費される. 温度などの条件によっては, 一酸化炭素が生成する. 電解質として溶融塩を使うため, 溶融塩電解ともよばれる.

電極の電位を, 平衡状態における電位 E よりも正にすれば酸化反応, 負にすれば還元反応を進めることが可能である. ただし, これも熱力学的な観点での話であり, 十分な速度で反応を進めるためには, 電極材料や反応の種類に応じて, ある程度以上正の, あるいは負の電位が必要となる. 酸化反応の場合は $E + \gamma$ [V], 還元反応の場合は $E - \gamma$[V]の電位を電極に加えて反応させる場合, この γ を**過電圧**とよぶ.

6 各種化合物

最高エネルギー準位の電子の軌道の種類によってsブロック元素，pブロック元素，dブロック元素，fブロック元素に分けることができる．sブロック元素とpブロック元素の化学的性質は周期律に従って比較的規則正しく変化する．また同じ族では周期表において下へ向かうにつれて金属性が増す．dブロック元素とfブロック元素は周期表において横方向への類似性も示す．各ブロックがつくる無機化合物においてもそういった周期性や類似性がみられる．本章では多様な性質を示す無機化合物の中でもとくに重要な形式・傾向やその応用について扱う．

6.1 水素の化合物

6.1.1 pブロック元素と水素の化合物

電気的に陰性なpブロック元素は，一般的に水素と分子状の化合物をつくる．第2周期のpブロック元素と水素の化合物は，13族(B_2H_6)を除いて標準生成Gibbsエネルギーは負であり熱力学的に安定であるが，周期が進むにつれて安定性が低くなる．

14族の元素の水素化物(CH_4，SiH_4，GeH_4など)は中心元素の価電子すべてが結合に用いられる．13族の水素化物は分子のLewis構造を描くには電子が不足しており，Lewis酸となる．15〜17族と水素の化合物は，孤立電子対をもち一般的にはLewis塩基性を示す．とくに電気陰性度の高い窒素，酸素，フッ素と水素の化合物であるアンモニア，水，フッ化水素における水素との結合はイオン結合性が高く，水素が部分的に正に帯電している．そのため水素原子と孤立電子対との間に静電的な相互作用の結果として水素結合を生じる．そのため，図6.1に示すように，これらの分子の沸点は分子量の割に非常に高い．

アンモニアは高温・高圧下でN_2とH_2を鉄触媒上で反応させて合成される．20世紀初頭に開発されたこの手法は，現在においても年間1億トンを超えるアンモニアの工業的な製法である．窒素を含む化合物を農業用肥料として大量に供

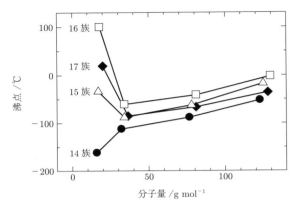

図 **6.1** p ブロック元素の水素化物の分子量と沸点の関係

給可能にし，世界人口の急速な増加をもたらすなど文明に及ぼした影響は非常に大きい．この手法を開発した Haber と，それを実行する最初のプラントを設計した Bosch にそれぞれ別にノーベル化学賞が授与されている．高温，高圧を必要とするため大量のエネルギーを消費するこの手法に代わる経済的な合成法が現在においては望まれており，非常に重要な課題になっている．

　シラン SiH_4 は特異な臭気を有する気体で，半導体製造においてケイ素源として用いられる．空気中の酸素によりすみやかに酸化されて水と二酸化ケイ素に分解し，シランの濃度が高ければ着火源がなくても自発的に発火燃焼する．フッ素，塩素，臭素とは常温で爆発的な反応を起こす．ホスフィン PH_3 は常温では無色腐魚臭の可燃性気体で，半導体製造のドーピングガスの原料であり，ケイ素を n 形にする場合や，InGaP などといった半導体を製造するときにも用いる．常温の空気中で自然発火する．

6.1.2　s ブロック元素と水素の化合物

　電気的に陽性な多くの s ブロック金属と水素との化合物は，イオン結合性の高い塩類似水素化物となる．ベリリウムを除く s ブロック金属の水素化物の標準生成 Gibbs エネルギーは負であり，熱力学的に安定である．

　s ブロック金属の水素化物は Brønsted 酸と接触すると激しく反応し水素を発

生し，また求電子剤に水素化物イオンを受け渡す．湿った空気または水と反応して発熱し，水素を発生する．その反応熱によって自然発火のおそれがある．また酸化剤との混触で発熱発火する危険がある．しかし，塩類似水素化物には適当な溶媒がなく，還元剤としての利用は限定的である．Lewis 酸である 13 族の水素化物とアルカリ金属の水素化物を反応させると，水素化物イオンが配位した錯体（$NaBH_4$，$LiAlH_4$ など）を生成する．このようなヒドリド錯体は極性有機溶媒に溶解するので，還元剤として広く利用されている．電気的に陽性な元素の水素化物であるほど活性の高いヒドリド源であるため，BH_4^- より AlH_4^- のほうがはるかに強い還元性を示す．たとえば $NaBH_4$ は $NaOH$ 水溶液などの強塩基中では比較的安定であるのに対して，$LiAlH_4$ は水と激しく反応し水素を発生させる．

6.1.3　d ブロック元素および f ブロック元素と水素の化合物

3〜5 族の d ブロック金属および f ブロック金属と水素の化合物は，金属類似水素化物となる．金属類似水素化物は金属光沢をもち電子伝導性が高く，また固体中の水素の移動度も高い．金属と水素との組成はさまざまな比率をとる場合が多い．これらの性質から水素吸蔵剤として機能し，ニッケル水素電池の負極などに応用されている．

6.2　s ブロック元素の化合物

1 族元素の単体は何れも銀白色で融点が低い軟らかい金属である．最外殻の s 電子を失って安定な貴ガスの電子配置をとりやすい．何れも活性な元素であり，乾燥した空気中でも常温で酸素と反応して酸化物を生じる．また水とは激しく反応して水素を発し，水酸化物を生じる．そのため灯油など液状の鎖状炭化水素に浸し密栓して貯蔵する．

2 族元素は地殻を構成する主要な成分元素である．金属の単体は何れも白ないし灰色である．Ca，Sr，Ba は常温で酸素と反応して酸化物を生じる．また水と常温で激しく反応して水素を発し，水酸化物を生じる．Be と Mg は表面に酸化物の被膜を生じ内部は保護されるため，常温で酸素や水との反応は進まない．

化合物中では常に 2 価をとる．

6.2.1 s ブロック元素の塩

アルカリ金属のハロゲン塩，ハロゲンのオキソ酸塩，硫酸塩，硝酸塩，炭酸塩は無色で一般的に水への溶解度が高い．イオン半径が小さなイオンどうしの塩（フッ化リチウム，フッ化ナトリウムなど）やイオン半径が大きなイオンどうしの塩（カリウム，ルビジウム，セシウムの塩素酸塩や過塩素酸塩など）では格子エネルギーが大きく水に溶けにくく，また融点が比較的高い．

アルカリ土類金属の硫酸塩，炭酸塩，フッ化物は水に難溶であるか，または不溶である．炭酸イオンは比較的大きなイオンであるため，アルカリ土類金属の炭酸塩の格子エンタルピーは，各族で下に行くほど大きくなり，そのため熱的に安定である．アルカリ土類金属の炭酸塩を加熱すると熱分解し酸化物が得られるが，分解温度は下に行くほど高くなる（図6.2）．アルカリ金属においては，炭酸リチウムは加熱すると分解して酸化リチウムを生じるが，炭酸ナトリウム，炭酸カリウム，炭酸ルビジウムは分解するより低温で融解する．溶融状態においても分解して酸化物となることがないため融剤として用いられる．

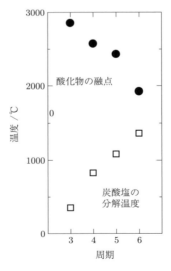

図 6.2 アルカリ土類金属の酸化物の融点および炭酸塩の分解温度

6.2.2　sブロック元素の水酸化物

アルカリ金属の水酸化物は，何れも潮解性のある白色固体で，熱を発して水に溶け強塩基性を示す．強い腐食作用があり，皮膚や粘膜を冒す．固体，水溶液ともに空気中で二酸化炭素を吸収し炭酸塩を生じる．

工業的に重要なのは水酸化ナトリウムと水酸化カリウムであり，これらは隔膜を用いた塩化物水溶液の電解によって得られている．

$$陽極　　　2Cl^- \longrightarrow Cl_2 + 2e^-$$
$$陰極　　　2H_2O + 2e^- \longrightarrow H_2 + 2OH^-$$
$$全反応　　2NaCl + 2H_2O \longrightarrow 2NaOH + Cl_2 + H_2$$

難溶性の酸化物を水酸化ナトリウムとともに加熱融解させると，可溶性の塩が得られることが多い．水酸化カリウムは，水酸化ナトリウムとよく似た性質をもっているが，水酸化ナトリウムよりも高価であるため水酸化ナトリウムが用いられる場合が多い．水酸化カリウムが用いられるのは，アルカリ電解質型燃料電池やアルカリ乾電池の電解液用電解質など，高い電離度がコストに優先する場合である．

アルカリ土類金属の水酸化物は水に難溶であり，溶解度は周期が進むにつれて大きくなる（表6.1）．水酸化ベリリウムは水に不溶で，水酸化マグネシウムは水にごくわずかに溶ける．

表 6.1　アルカリ土類金属塩の水に対する溶解度（常温 /mol dm^{-3}）

	CO_3^{2-}	SO_4^{2-}	OH^-
Ca^{2+}	1.1×10^{-4}	1.5×10^{-3}	2.0×10^{-2}
Sr^{2+}	4.0×10^{-5}	5.3×10^{-4}	6.6×10^{-2}
Ba^{2+}	8.4×10^{-5}	1×10^{-5}	2.1×10^{-1}

6.2.3　sブロック元素の酸化物

アルカリ金属単体を空気中で加熱すると，リチウムは酸化リチウム，ナトリウムは過酸化ナトリウム，カリウムより下のアルカリ金属は超酸化物となる．超酸化物中に含まれる超酸化物イオンは，一つの不対電子をもっているため常磁性を

示す. アルカリ金属の過酸化物の格子エンタルピーはそれぞれの酸化物の格子エンタルピーと比較して小さく, 過酸化物を強熱すると熱分解して酸化物が得られる. アルカリ金属の酸化物はすべて塩基性で, 水と反応して強塩基性の水酸化物を生じる. 超酸化カリウム KO_2 は工業用酸化剤として除湿や二酸化炭素の除去に用いられる.

$$4KO_2 + 2H_2O \longrightarrow 4KOH + 3O_2$$
$$2KOH + CO_2 \longrightarrow K_2CO_3 + H_2O$$

アルカリ金属の過酸化物は, 水と激しく反応して大量の酸素を発生する. 有機物, 可燃物など酸化されやすいものと共存すると, 衝撃・加熱などにより発火爆発の危険がある.

アルカリ土類金属単体を空気中で加熱すると, バリウムを除き酸化物が生じる. バリウムは過酸化バリウムとなる. アルカリ土類金属の酸化物は酸化ベリリウムを除き塩基性で, 水と反応して水酸化物となる. カルシウムより下のアルカリ土類金属の酸化物は水と激しく反応して強塩基性の水酸化物となる. 酸化ベリリウムのみ両性酸化物であり, 酸にも塩基にも溶ける.

$$BeO + 2NaOH \longrightarrow Na_2BeO_2 + H_2O$$

また酸化ベリリウムは共有結合性が強くウルツ鉱型構造であるが, それ以外のアルカリ土類金属の酸化物は塩化ナトリウム型構造である. 陽イオンのイオン半径が増すと格子エンタルピーは減少するので, アルカリ土類金属の酸化物の酸化物の融点は周期表を下にいくほど低くなる (図 6.2).

6.2.4 s ブロック元素の有機金属化合物

アルカリ金属は多くの有機金属化合物を生成する. リチウムが最も安定な有機金属化合物を形成する. 有機リチウム化合物においてはリチウムが陽性に強く分極しているため, 強い求核性を示す. アルキルリチウムとアリールリチウムは液体または低融点の固体であり, 無極性の有機溶媒に溶解する. そのため求核試薬として有機合成に広く用いられている. アルキルナトリウムやアルキルカリウムは有機溶媒に不溶であるため試薬としての利用は限定的である.

ハロゲン化アルキルマグネシウムやハロゲン化アリールマグネシウムは Grignard (グリニャール) 試薬として非常に有名である. Grignard 試薬はエーテル中における金属マグネシウムと有機ハロゲン化物との反応で得られる.

$$Mg + RBr \longrightarrow RMgBr$$

　マグネシウムが陽性に強く分極しているため，Grignard試薬は強い求核性と強塩基性を示す．そのためGrignard試薬は反応性の高いR$^-$の供給源として振る舞う．

6.3　pブロック元素の化合物

6.3.1　13族元素の化合物

　13族元素の化合物の多くは電子不足となり，Lewis酸となる．ホウ素は13族で唯一の非金属であり，ホウ素からタリウムに向かうにつれて金属性が増す．ホウ素，アルミニウム，ガリウムは，常温では水とは反応しない．インジウム，タリウムは常温で水と反応し，酸化物または水酸化物を生じる．アルミニウム，ガリウムは，高温では水蒸気と反応し，水素を発し酸化物を生じる．ホウ素以外の13族は酸と反応して塩を生じる．アルミニウム，ガリウムは両性でアルカリ水溶液にも溶解する．インジウム，タリウムはアルカリ水溶液には溶解しない．

　13族の三ハロゲン化物はLewis酸性を示す．Lewis酸としての強度はハロゲンの電気陰性度と逆の順序になる．$AlCl_3$はFriedel-Crafts（フリーデル・クラフツ）反応などの有機合成反応において酸触媒として用いられる．アルミニウム，ガリウム，インジウムのハロゲン化物は金属とハロゲンとの直接反応によって生じる．また塩化水素ガスまたは臭化水素ガスとも反応する．たとえば$AlCl_3$は熱した金属アルミニウムに乾燥した塩素ガスまたは塩化水素ガスを反応させて得る．塩化アルミニウムの水和物はアルミニウムや水酸化アルミニウムを塩酸に溶かした溶液から得られるが，これを加熱しても無水塩にはならず酸化アルミニウムが得られる．

　ホウ素は安定で，水，塩酸，フッ酸とは反応しないが，硝酸には酸化されてホウ酸と一酸化窒素を生じて溶ける．ホウ酸を加えたガラスはホウケイ酸ガラスとよばれ，優れた耐熱性や耐薬品性を示すことから，理化学器具に用いられている．各メーカーからさまざまな商標で販売されているが，米国Corning社の商標であるPYREXが代名詞的に用いられることもある．ホウ酸を水酸化ナトリウムで中和した溶液からホウ砂（$Na_2B_2O_7 \cdot 10H_2O$）が得られる．ホウ砂は878℃で融解し，金属酸化物をよく溶かし着色するので，陶芸用の釉薬溶解剤として用

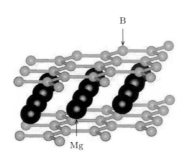

図 6.3　MgB_2 の結晶構造

いられており，かつては金属イオンの定性分析に利用されていた.

　金属とホウ素は，反応して金属ホウ化物をつくる．金属ホウ化物の組成は多種多様にわたり，さまざまな構造がある．MgB_2 に代表される MB_2 という組成の金属ホウ化物は層状構造を有する (図6.3)．MgB_2 は 2001 年に超伝導を示すことが見出された．MgB_2 が示す臨界温度 38 K は銅酸化物超伝導体と比べると低いものの，原料元素は地球地殻中に豊富に存在するほか，軽量，合成・加工のコストが小さいなど工業的にメリットがある.

　酸化アルミニウムの最も安定な構造は α-アルミナである．鉱物の状態としてはコランダムとよばれる．六方最密配列された酸化物イオンの八面体間隙の 2/3 にアルミニウムイオンが入っている．コランダムにおいてアルミニウムのごく一部がクロムで置換されて濃赤色を示している鉱物をルビー，鉄やチタンなどで置換されそれ以外の色を示しているものをサファイアとよぶ．また工業的に生産される単結晶コランダムもサファイアとよばれる．非常に硬く，化学的に安定，熱的に安定，光透過性が高く，比較的廉価といった性質から，青色や白色 LED はサファイア基板上に作製されている．サファイアはスマートフォン用のディスプレイカバーとしても使われるようになり需要が急速に拡大している.

　ガリウム，インジウム，タリウムは何れも遷移金属元素の終わった直後の元素で d^{10} 電子殻を内殻にもつ 18 電子閉殻構造をもつ．ガリウム，インジウムは d^{10} 電子殻の外殻の電子 (ガリウムの場合には $4s^2$ と $4p^1$) を失って 3 価のイオンになる．タリウムは 1 価のイオンが安定である．タリウムイオンはカリウムイオンと似た性質を示すことから，生体内においてカリウムと置き換わり非常に強い神経毒性を示す.

　酸化インジウムは 3.8 eV 程度の広いバンドギャップを有する半導体である．インジウムのうち 6 mol% 程度をスズに置換した酸化インジウム(indium tin oxide: ITO)は，広いバンドギャップとそれによる可視光領域の透過率の高さを保持したまま電気をよく通す(抵抗率：$2 \times 10^{-4} \Omega$ cm)．導電性があるのに透明であることから液晶などのフラットディスプレイの電極としての需要が高く，インジウム用途の 9 割近くが透明電極である．ガリウム，インジウムは 13-15 族半導体の構成元素となる．13-15 族半導体については 6.3.3 項で述べる．

6.3.2　14 族元素の化合物

　炭素から鉛に向かうにつれて金属性が増す．陽性も陰性も大きくなく両性の性質を示す．炭素，ケイ素，ゲルマニウムは四面体 4 配位構造の共有結合をつくりやすく，それぞれの単体は立方晶ダイヤモンド型構造の相を有している．スズは 13℃以下において，立方晶ダイヤモンド型構造を有し半導体として振る舞う α-スズが安定相である．13℃以上においては金属光沢を示す β-スズが安定相である．

　炭素の主要な同素体はダイヤモンドとグラファイトである．ダイヤモンドは sp^3 混成軌道の重なりから成る共有結合性の 3 次元結晶であり，絶縁体である．また知られている物質の中で最も硬く，熱伝導率が高い．これらの性質を利用して，合成ダイヤモンドは研磨剤，切削工具，ヒートシンクなどに広く用いられている．グラファイトは層状構造を有しており，sp^2 混成軌道の重なりから成る六角格子が一つひとつの層を形成している．層に平行な方向には室温において 30 kS cm^{-1} 程度の金属的な電子伝導を示すのに対して，層に垂直方向には 5 S cm^{-1} 程度の小さな電子伝導性しか示さない．これはグラファイトの電子構造が層の垂直方向では半金属であることに起因する．またこの電子構造のため，層間に挿入されたイオンに対して電子受容体としても電子供与体としても機能し，さまざまなグラファイト層間化合物を形成する．層間にリチウムイオンを電気化学的に挿入・脱離する反応は，金属リチウムと近い非常に卑な電位で進行するため，リチウムイオン二次電池の負極としてその高い電圧の発現に大きく寄与している．グラファイト層間化合物の化学量論的組成はイオンによって異なり，リチウムであれば C_6Li，カリウムであれば C_8K まで挿入可能である．またこのようにアルカリ金属イオンをグラファイトの層間に挿入していく際には図 6.4 に示すようなス

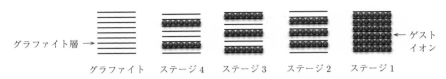

グラファイト層 →　　　　　　　　　　　　　　　　　　　　　　　← ゲスト
　　　　　　　　　　　　　　　　　　　　　　　　　　　　　　　　イオン

グラファイト　ステージ4　ステージ3　ステージ2　ステージ1

図 6.4 グラファイト層間化合物のステージングの模式図

テージ構造をとりながら反応が進行する.

　炭素の同素体の他の例として，切頂二十面体構造を有する C_{60} フラーレン，グラファイトを剥離させて得られる原子一つ分の厚さのシートであるグラフェン，グラフェンが筒状に巻かれた構造をもつカーボンナノチューブなどがあげられる. 従来のトランジスタの電子走行層にグラフェンを用いることで，これまでの半導体の限界を超える高速トランジスタが得られる可能性があるなど，これらの低次元炭素ナノ粒子は，特異な構造に起因する優れた物性や特性が注目され，さまざまな分野で広く研究がなされている. フラーレンを発見した Kroto, Smalley, Curl は 1996 年にノーベル化学賞を授与されている. またグラフェンを単離し良導体であることを示した Geim, Novoselov は 2010 年にノーベル物理学賞を授与されている.

　また炭素は，より陽性元素とは炭化物を生じる. ケイ素やホウ素など同程度の電気陰性度をもつ元素とは共有結合による非常に硬い化合物を形成する. 炭化ケイ素は硬度，耐熱性，化学安定性に優れることから研磨剤，耐火物，発熱体などに大量に使われる. 陽性の金属とは塩類似炭化物を生じる. 塩類似炭化物では炭素上の電子密度が高いので，それらは酸化およびプロトン化を受けやすい. カルシウムの炭化物 CaC_2 は，水と反応して発熱しながらアセチレンを発生する. また炭化アルミニウムは水と反応してメタンを発生する.

$$CaC_2 + 2H_2O \longrightarrow Ca(OH)_2 + C_2H_2$$
$$Al_4C_3 + 12H_2O \longrightarrow 3CH_4 + 4Al(OH)_3$$

　ケイ素は地殻の 27.7% を占め，酸素に次ぐ最もありふれた元素の一つである. ケイ素は酸素と強い結合をつくるため，天然には酸化物やケイ酸塩の形で岩石や土の成分として存在する. 高純度のケイ素はトリクロロシランを経て得られる. トリクロロシランは 300℃ でケイ素の粉末に塩化水素ガスを吹き付けることで得られる. 蒸溜精製されたトリクロロシランを水素還元させることで高純度のケイ素が得られる. トリクロロシランは可燃性で，蒸気は空気と混合して広い範囲で

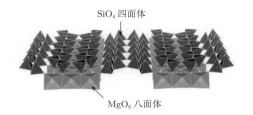

SiO$_4$ 四面体

MgO$_6$ 八面体

図 6.5　トレモライト（アスベストの一種）の結晶構造の模式図

自然発火の可能性がある爆発性混合ガスを生成する．爆発的に反応するので，酸化剤と混合してはいけない．

$$HSiCl_3 + H_2 \longrightarrow Si + 3HCl$$

単結晶の酸化ケイ素は水晶とよばれ，宝飾品や水晶振動子などに用いられている．ケイ酸イオンはケイ素の sp^3 混成軌道による正四面体構造をしている．ケイ素の単核酸はオルトケイ酸 H$_4$SiO$_4$ とよばれ，水溶液中にのみ存在する．メタケイ酸は H$_2$SiO$_3$ または SiO$_2$・H$_2$O と標記されるが，この組成の分子は存在せず，オルトケイ酸が頂点で酸素原子を共有することで鎖状または環状構造をなした構造を有している．石綿またはアスベストとよばれる物質の多くは，SiO$_4$ 四面体が鎖状に結合した鉱物である（図 6.5）．鎖の長さ方向に結晶が成長するため繊維状の粒子となる．アスベストは耐久性，耐熱性，耐薬品性，電気絶縁性などの特性に優れ安価であるため，電気製品や建築資材をはじめ古くから幅広い用途に用いられてきた．しかし，空中に飛散したアスベスト繊維を長時間大量に吸入すると肺がんや中皮腫の原因になるなど有害性が問題となり，現在では使用が禁止されている．

ケイ酸塩のケイ素の一部をアルミニウムで置換したアルミノケイ酸塩は，ケイ酸塩と比較して非常に多様な構造をもつ固体を生成する．層状アルミノケイ酸および 3 次元の骨格をもつアルミノケイ酸はよくみられる鉱物の主成分である．白雲母 KAl$_2$(OH)$_2$Si$_3$AlO$_{10}$，正長石 KAlSi$_3$O$_8$，曹長石 NaAlSi$_3$O$_8$ などはその代表である．またアルミノケイ酸は，モレキュラーシーブとよばれる分子程度の大きさの細孔（ケージ）や通路（チャンネル）を有する多孔質の物質群を形成する（図 6.6）．この物質群は細孔の大きさよりも小さい分子のみを吸着するため，それを利用して大きさの異なる分子を分離することができる．モレキュラーシーブの一種であるゼオライトは，骨格が負に帯電していて電荷を補償する陽イオンを含ん

SiO₄ 四面体または AlO₄ 四面体

図 6.6　4A ゼオライト結晶構造の骨格の模式図

でおり，固体酸としての性質やイオン交換能も示す．また，H_2O や NH_3 のような極性分子との親和性が高い．ケージの構造は結晶構造によって決まるので，厳密に決まった大きさと規則性を有している．このためゼオライトは，形状選択性を有する不均一触媒としても用いられる．

　ゲルマニウム単体はケイ素よりも狭いバンドギャップを有する半導体の非金属である．単体は空気中で安定であり，通常の酸やアルカリによって冒されない．ゲルマニウムの化合物の産業利用は限定的であり，酸化ゲルマニウムが PET 樹脂の重合触媒に使用されている程度である．

　スズ単体は希酸や熱アルカリに水素を発して溶ける．また酸化物 SnO_2 は両性で，酸やアルカリに溶ける．

$$Sn + H_2SO_4 \longrightarrow SnSO_4 + H_2$$
$$Sn + 2NaOH + H_2O \longrightarrow Na_2SnO_3 + 2H_2$$
$$SnO_2 + 4HCl \longrightarrow SnCl_4 + 2H_2O$$
$$SnO_2 + 2NaOH \longrightarrow Na_2SnO_3 + H_2O$$

　酸化スズ SnO_2 は 3.6 eV 程度の広いバンドギャップをもつ半導体である．酸素の一部をフッ素で置換した FTO（fluorine-doped tin oxide）は透明電極として用いられる．抵抗率は ITO より 3 倍以上大きいものの，ITO より耐熱性や耐薬品性に優れることから，色素増感太陽電池用電極などに用いられている．

　鉛は方鉛鉱 PbS として産出する．軟らかい酸である Pb^{2+} は酸化物イオンよりもより軟らかい塩基である硫化物イオンと強い結合をつくるからである．鉛の単

体は希塩酸や希硫酸には溶けないが，酸化力のある硝酸には溶ける．アルカリには不溶である．一方で，酸化物は両性で硝酸にもアルカリにも溶ける．

$$3Pb + 8HNO_3 \longrightarrow 3Pb(NO_3)_2 + 2NO + 4H_2O$$

$$PbO + 2HNO_3 \longrightarrow Pb(NO_3)_2 + H_2O$$

$$PbO + 2NaOH \longrightarrow Na_2PbO_2 + H_2O$$

　PbO を塩基性条件下で過酸化水素と反応させて酸化させると PbO_2 が得られる．PbO_2 を正極に，Pb を負極に用いた電池が鉛蓄電池である．各電極の反応は以下のとおりである．

（正極：放電時）$PbO_2 + H_2SO_4 + 2H^+ + 2e^- \longrightarrow PbSO_4 + 2H_2O$

（負極：充電時）$Pb + H_2SO_4 \longrightarrow PbSO_4 + 2H^+ + 2e^-$

　正極活物質である PbO_2 は水を酸化させるのに十分に酸化還元電位が高い物質である．しかし PbO_2 上においては水の酸化反応過電圧が大きく，副反応である水の酸化分解反応速度が十分に小さい．このため電解液が水溶液（希硫酸）であるにもかかわらず，水の電位窓 1.23 V をはるかに超える 2 V 近い電位を示す．他の二次電池に比べ安価であることから，産業用のバックアップ電源や電動車両用電源に用いられてきた．現在，これらの用途の一部はより軽量なリチウムイオン二次電池が用いられている．

　ペロブスカイト型構造を有するチタン酸ジルコン酸鉛（PZT: $Pb(Zr_xTi_{1-x})O_3$; $x = 0.525$）は，巨大な誘電率および圧電性，強誘電性をもつ．その大きな圧電性からアクチュエーターやセンサーなどの圧電素子として非常に広範囲に用いられている．鉛を含有する特定有害物質であるが，現在のところ圧電材料として代替できるほどの特性をもったものが他に存在しないため，RoHS 指令の適用免除対象となっている．このため，PZT に代わる高性能な鉛フリー圧電材料の開発が世界的な課題となっている．

　スズと鉛の合金ははんだとして大量に使用されていたが，RoHS 指令によって鉛の使用が禁止された．鉛フリーはんだとしてスズ，亜鉛，ビスマスなどを主成分とするものが用いられている．

6.3.3　15 族元素の化合物

　窒素からビスマスに向かうにつれて金属性が増す．窒素以外の単体は固体であり，単体の固体には種々の同素体が存在する．リン，ヒ素，アンチモンには 4 原

子から成る四面体型分子の同素体が存在する．リン，ヒ素，アンチモン，ビスマスの5フッ化物は強い Lewis 酸である．SbF_5 はきわめて強い Lewis 酸であり，アルミニウムのハロゲン化物よりもはるかに強い．強力な Lewis 酸を強力な Brønsted 酸に溶解させると，超酸または超強酸とよばれる硫酸よりもプロトン供与性が高い物質が得られることが知られており，SbF_5 や AsF_5 を無水フッ化水素に加えると超酸が生じる．

$$SbF_5 + 2HF \longrightarrow H_2F^+ + SbF_6^-$$

窒素の単体 N_2 は大気の 78% を占め，液化空気の分留によって大規模に得ることができる．窒素の N−N 結合は非常に強く，N_2 は反応性に乏しい．室温においては金属リチウムなどごくわずかの強力な還元剤が N−N 結合を切ることができる．

アンモニアの酸化によって硝酸が製造される．硝酸塩は水によく溶ける．潮解性を示す場合もある．硝酸塩は一般的に加熱すると分解して酸素を発生する．そのため可燃物や有機物と混合したものは加熱，摩擦，衝撃により爆発する．その性質を利用して硝酸カリウムは黒色火薬の原料として用いられる．また硝酸塩類は消防法危険物に指定され，貯蔵・取扱い・運搬が規制されている．硝酸とアンモニウムの直接反応によって得られる硝酸アンモニウムは化学肥料の窒素源として主要な物質である．

窒化物は単体と窒素あるいはアンモニアとの直接の反応や，アミドの熱分解によって得られる．s ブロック元素は窒化物イオンを含む化合物とみなすことができる塩類似窒化物を，p ブロック元素は共有結合性の窒化物を，d ブロック元素は MN，M_2N，M_4N といった組成をもつ侵入型窒化物をつくる．

アジ化物は N_3 原子団をもつ一般的に不安定な化合物の総称である．高温でナトリウムアミドを硝酸イオンまたは N_2O で酸化するとアジ化ナトリウムが得られる．アジ化ナトリウムのようなイオン性のアジ化物は熱力学的には不安定であるが，速度論的には不活性であり室温で取り扱うことができる．加熱や衝撃を与えると爆発して窒素を放出する．この反応は，かつては自動車用エアバッグの膨張に利用されていた．アジ化ナトリウムに酸を加えると有毒で爆発性のアジ化水素を発生する．また水の存在下で重金属と作用してきわめて爆発しやすい重金属アジ化物をつくる．このため酸や重金属粉と一緒に貯蔵してはいけない．また発火した場合には分解して金属ナトリウムを生成する．そのため消火するのに注水してはいけない．

リンも植物の生長に必要な元素で，化学肥料として大量に消費されている．リンの多くはリン灰石 $Ca_3(PO_4)_2$ として産出する．リン灰石に酸化ケイ素および炭素を加えて強熱するとリンが蒸気として留出する．蒸気を空気に触れないように水中に導くと白リンが得られる．白リンは四面体型 P_4 分子からできているろう状の固体である．白リンは非常に反応性が高く，空気中で自然発火する場合がある．白リンを不活性雰囲気下において 250〜300℃ で熱すると赤リンとなる．また，高圧下で加熱すると黒リンが生成する．白リンは自然発火性物質でありながら禁水性ではない数少ない物質である．リンを完全に燃焼させると P_2O_5 となる．P_2O_5 は白色固体で，水と激しく反応してオルトリン酸 H_3PO_4 を生じる．純粋な無水リン酸は融点 42.4℃ の白色固体である．加熱して融解すると無色の液体になる．液状の無水リン酸は高いプロトン伝導率を示す．この伝導性を利用して 200℃ 程度で運転する燃料電池が商用化されており，工場やビルなどのオンサイトコジェネレーションシステムなどに利用されている．（オルト）リン酸を 215℃ で加熱すると脱水してピロリン酸 $H_4P_2O_7$ を生じる．300℃ 以上で加熱するとさらに脱水してメタリン酸（またはポリリン酸）を生じる．ポリリン酸は複数の PO_4 四面体が酸素原子を架橋として連結された構造であり，一般的には PO_4 四面体が環状に連結したシクロリン酸である．リン酸は生化学において最も重要なオキソ酸であり，DNA やアデノシン三リン酸（adenosine triphosphate：ATP）の構成要素になっている．リンはそれより陽性の元素と化合しリン化物を生成する．例外は多いが，s ブロック元素はリン化物イオンを含む化合物とみなすことができる塩類似リン化物を，d ブロック元素は侵入型リン化物をつくる．リン化カルシウムやリン化アルミニウムは水や弱酸と激しく作用し，分解して有毒で可燃性であるホスフィンを生じる．自然発火性と禁水性の両方の危険性を有する．発火した場合には乾燥砂による窒息消火しか効果がないので，取扱いや保管に注意が必要である．

$$Ca_3P_2 + 6H_2O \longrightarrow 3Ca(OH)_2 + 2PH_3$$

ヒ素は天然には硫ヒ鉄鉱（FeAsS）として産出する．硫ヒ鉄鉱を加熱するとヒ素の単体が得られる．ヒ素は昇華しやすく，気体を急冷するとろう状の黄色ヒ素 As_4 が得られる．黄色ヒ素は不安定ですぐに灰色ヒ素となる．灰色ヒ素は金属光沢をもち導電性があるため金属ヒ素ともよばれる．さまざまな点でリンに似た性質を示すため，生物に対しては毒である．灰色ヒ素は塩酸や硫酸には冒されないが，硝酸と反応してヒ酸を生じる．ヒ素は高温では酸化して As_2O_3 を生じる．

As₂O₃ は両性を示す．As₂O₃ を水に溶解させると亜ヒ酸 $As(OH)_3$ が得られる．As₂O₃ を亜ヒ酸とよぶ場合がある．水溶性で毒性が強い As₂O₃ は，かつては害虫やネズミの駆除に用いられていた．

$$FeAsS \longrightarrow As + FeS$$
$$As + 5HNO_3 \longrightarrow H_3AsO_4 + H_2O + 5NO_2$$
$$As_2O_3 + 6HCl \longrightarrow 2AsCl_3 + 3H_2O$$
$$As_2O_3 + 6NaOH \longrightarrow 2Na_3AsO_3 + 3H_2O$$

　アンチモンは輝安鉱 Sb₂S₃ として産出する．これを鉄で還元すると単体が得られる．Sb₄ は不安定な黄色非金属である．常温常圧で安定なのは灰色アンチモンで，金属光沢がある硬くて脆い半金属の固体である．アンチモンは塩酸や硫酸とは反応しないが，熱濃硫酸や硝酸と反応して不溶性のアンチモン酸を生じる．アンチモンの酸化物 Sb₂O₃ は水に溶けないが両性を示す．

　ビスマス単体は金属であるが，熱伝導率，導電率ともに実用金属中で最も小さい．ビスマスの単体は表面に生成する酸化物皮膜によって虹のような多彩な色を示す．ビスマスの酸化物 Bi₂O₃ は同族の As₂O₃ や Sb₂O₃ とは異なり塩基性酸化物であり，酸には溶けるがアルカリには溶けない．チタン酸ビスマスナトリウムなどビスマスを含むペロブスカイト構造酸化物が鉛フリー圧電材料の有力な候補として研究開発が進められている．

　13 族と 15 族の化合物はケイ素やゲルマニウムと等電子的な物質で，半導体としてはたらくため，工業的に非常に重要である．窒化物はウルツ鉱型構造(図6.7)であり，リン化物，ヒ化物，アンチモン化物は閃亜鉛鉱型構造(図6.8)である．13 族と 15 族の化合物は，すべて高温，高圧での単体どうしの直接反応に

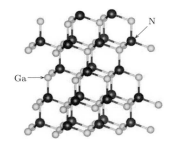

図 **6.7**　窒化ガリウム(ウルツ鉱型構
造)の結晶構造の模式図

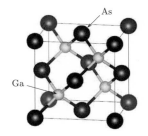

図 **6.8**　ヒ化ガリウム(閃亜鉛鉱型構
造)の結晶構造の模式図

表 6.2　13-15 族化合物半導体の室温におけるバンドギャップ[eV]

	N	P	As	Sb
Al	6.3	2.45	2.16	1.6
Ga	3.4	2.26	1.43	0.7
In	0.7	1.35	0.36	0.163

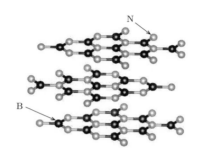

図 6.9　窒化ホウ素の結晶構造の模式図

よって合成することができる．代表的な半導体であるシリコン(Si)と比較して，13-15 族化合物半導体はその多くが直接遷移型の半導体であるため，発光ダイオード(light emitting diode：LED)やレーザーダイオード(laser diode：LD)をはじめとする発光素子に用いられる．表 6.2 に示すように，13 族と 15 族元素を一つずつ組み合わせた GaAs，InP，GaN といった化合物に加えて，たとえば In-GaAs，GaInNAs といった 3 元系や 4 元系の化合物半導体を作成することが可能であり，その組成比によってバンドギャップエネルギーや，光学特性を連続的に変化させることができる．現在の赤・緑・青色などの発光ダイオードは，ほぼすべて 13-15 族半導体を材料としている．

　窒素とホウ素の結合は炭素-炭素間の単結合と等電子的であるため，窒化ホウ素には炭素単体との類似相が存在する．酸化ホウ素とアンモニアとの直接の反応で得られるのはグラファイト類似の相である．これは六方晶窒化ホウ素とよばれ，図 6.9 のように B と N が交互に並んだ六角格子から成るシートの積層体構造である．グラファイトでは隣接したシート(グラフェンシート)は六角形が互い違いになっているのに対して，六方晶窒化ホウ素では各層ごとに B 原子の直上には N 原子が，N 原子の直上には B 原子がくる．六方晶窒化ホウ素はグラファ

表 6.3   種々の材料の室温付近における熱伝導率[$W\,m^{-1}\,K^{-1}$]

ダイヤモンド	1000〜2000	六方晶窒化ホウ素	>200(面内)
炭化ケイ素	270	酸化アルミニウム	20〜36
窒化アルミニウム	70〜270	銀	420
シリコン	168	水	0.6

イトと異なりワイドギャップの無色の電気絶縁体である．またバンドギャップが大きいので他の物質との電子の授受は起こりにくく，グラファイトがつくるような層間化合物の数は窒化ホウ素ではきわめて少ない．表 6.3 に示すように，BN 間の強固な結合のため熱伝導率が高い．また，窒化ホウ素の層間がすべるため，固体潤滑剤として用いられる．また，軟らかく光沢があるため化粧品への添加剤としても用いられている．六方晶窒化ホウ素は高温高圧でより密な立方晶に変化する．立方晶窒化ホウ素はダイヤモンドに似た硬い結晶であり，ダイヤモンドが使えないような場合の研磨剤として利用される．窒化ホウ素は上述のようなグラファイト類似構造，ダイヤモンド類似構造のほか，カーボンナノチューブ類似のナノチューブがつくられている．

6.3.4   16 族元素の化合物

16 族元素はしばしばカルコゲンとよばれる．酸素からポロニウムに向かうにつれて金属性が増す．酸素以外の単体は固体である．セレン，テルル，ポロニウムは半金属であり，セレンは灰色，テルルとポロニウムは銀白色の結晶である．

酸素の単体は質量比で大気の 21% を占める．酸素は工業的には液化空気の分留によって得られる．O_2 分子において最も外側の 2 個の電子は反結合性 π 軌道に一つずつ収容され，それらのスピンは平行になる．O_2 は磁気モーメントを有する唯一の単純二原子分子であり，常磁性を示す．大気圧下での酸素の沸点は -183℃である．液体の酸素は淡い青色である．

酸素の同素体であるオゾン O_3 は青色を帯びた青臭い特有の臭気をもつ気体である．オゾンは爆発性と高い反応性を有するとともに，非常に高い酸化還元電位を示す酸化剤である．典型的なオゾンの反応では酸化と酸素原子の移動が起こる．塩基性条件においてオゾンは比較的安定して存在可能であり，漂白剤や殺菌

剤として利用されている.

常温において酸素を 10 GPa 以上に加圧すると赤色の固体に相転移する. この固体酸素は, O_2 分子四つから成る菱形 O_8 クラスター分子で構成され, ε 酸素または赤酸素とよばれる. さらに超高圧条件において固体酸素は赤色の絶縁状態から, 金属状態に変化する.

16 族の硫黄より重い元素は軌道中の π 結合の重なりが弱いため二重結合より単結合が優先する. そのため硫黄より下の元素の単体は凝集してより大きな分子や広がった構造のものになり, そのため室温において固体である. とくに硫黄には非常に多くの同素体がある.

硫黄は火山帯において遊離の状態で産出する. 遊離した硫黄は環状の S_8 分子が積み重なった構造をしており(斜方硫黄, α-S_8)黄色の絶縁体である. 斜方硫黄は 113 ℃で融解する. さらに加熱して 160 ℃以上になると環状の結合が切れて重合し粘度が高くなる. この状態から急冷するとゴム状硫黄が得られる. ゴム状硫黄は準安定で室温において徐々に斜方硫黄に変化する. 他に環状の分子として S_6, S_7, S_{10}, S_{12}, S_{18}, S_{20} が知られている. また気相中では S_2, S_3 が観察される. S_2 分子は二重結合をもつ.

硫黄の水素化物である硫化水素は腐卵臭のある有毒な気体である. 水によく溶け弱酸性を示す. 硫化水素は重金属と反応して難溶性の硫化物をつくる. 表 6.4 に示すように, 重金属の硫化物は着色した難溶性のものが多く, 硫化水素は金属イオンの分離, 検出に利用されている.

硫黄の酸化物で重要なのは二酸化硫黄 SO_2 と三酸化硫黄 SO_3 である. 硫酸は SO_2 を原料として次のように合成される. 酸化バナジウム V_2O_5 を触媒として SO_2 を酸化させることで SO_3 を得る. SO_3 を濃硫酸に吸収させて発煙硫酸 $H_2S_2O_7$

表 6.4　難溶性硫化物とその色

酸性溶液でも沈殿				中性または塩基性でのみ沈殿	
Ag_2S	黒	As_2S_5, As_2S_3	黄	FeS	黒
PbS	黒	Sb_2S_3	橙赤	Fe_2S_3	黒
HgS	黒, 赤	SnS_2	黄	CoS	黒
CuS	黒	SeS	橙黄	NiS	黒
SnS	褐	PtS_2	灰黒	MnS	桃赤
CdS	黄	Bi_2S_3	褐	ZnS	白

とし，それを希硫酸で希釈して濃硫酸を得る．また，二酸化硫黄は水に溶けて亜硫酸 H_2SO_3 を生じる．亜硫酸およびその塩は還元剤として作用することが多い．

$$2Na_2S^{+IV}O_3 + O_2 \longrightarrow 2Na_2S^{+VI}O_4$$

$$2NaHS^{+IV}O_3 + MnO_2 \longrightarrow Na_2S^{+V}_2O_6 + MnO + H_2O$$

また，亜硫酸は強い還元剤にあうと酸化剤としても作用する．

$$S^{+IV}O_2 + 2H_2S^{-II} \longrightarrow 3S^0 + 2H_2O$$

$$Na_2S^{+IV}O_3 + S^0 \longrightarrow Na_2S^{+II}_2O_3$$

$$2H_2S^{+IV}O_3 + Zn \longrightarrow ZnS^{+III}_2O_4 + 2H_2O$$

また，上の反応式で示されるように硫黄はさまざまな酸化数の化合物をつくる．硫黄のほとんどは硫酸の製造に用いられる．硫酸の8割以上は硫酸カリウムなど化学肥料の原料として用いられる．

セレンの化学的性質は硫黄と似ているが，より金属的な性質が強い．水素化合物の安定性は小さく，硫化水素よりも強い酸性を示す．またセレンの酸素酸であるセレン酸 H_2SeO_4 は室温において無色の固体であり，硫酸と同様に吸湿性の強酸である．またセレン酸は水によく溶け，強い脱水作用と有機物の炭化作用を有する．セレン酸は，反応速度は遅いものの硫酸より酸化力が強く，塩化物イオンを塩素に酸化する．また濃厚溶液は金を溶かすことができる．また硫酸に対するテルルの類似形である H_2TeO_4 は知られておらず，$Te(OH)_6$ をテルル酸とよぶ．テルル酸は2価の弱酸である．

硫黄，セレン，テルルは金属と二元化合物を形成した際の構造は，対応する酸化物とまったく異なることが多い．この違いは，共有結合性が酸化物よりも大きいことに起因する．金属の一酸化物 MO は一般的に岩塩型構造をとるが，ZnS は閃亜鉛鉱型またはウルツ鉱型，CdS はウルツ鉱型の構造を，dブロック元素の一硫化物はヒ化ニッケル型構造(図 6.10)をとる．閃亜鉛鉱型構造とは，硫化物イオンがつくる面心立方格子の四面体サイトのうち半分を亜鉛が占めており，ダイヤモンド型構造を一つおきに別の元素にした構造である．ウルツ鉱型構造は六方最密充填された硫化物イオンの四面体サイトをカドミウムが占めた構造で，カドミウムも六方最密充填をなす．またdブロック元素の二酸化物の多くが蛍石型またはルチル型の構造をとるのに対してdブロック元素の多く，とくに 4d 遷移元素と 5d 遷移元素は層状の MS_2 化合物をつくることが多い．層状構造の MS_2 の多くはヨウ化カドミウム型構造(図 6.11)をとる．すなわち最密充填した AB 層

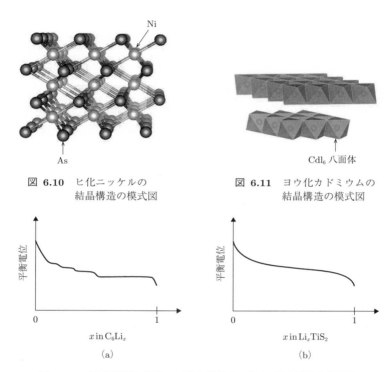

図 6.10　ヒ化ニッケルの
　　　　結晶構造の模式図

図 6.11　ヨウ化カドミウムの
　　　　結晶構造の模式図

(a)

(b)

図 6.12　(a)不連続な組成の二相共存反応，および(b)連続的な固溶
　　　　体を生成する単相反応の平衡電位の組成依存性の模式図

の間の八面体間隙に d ブロック元素が存在する．層状構造の二硫化物の層間に
はグラファイトと同様にアルカリ金属イオンを挿入することができる．グラファ
イト層間へのアルカリ金属イオンの挿入時には不連続なステージ構造をとりなが
ら反応が進行することを述べたが，二硫化物の層間に挿入する際には，連続的な
固溶体を生成しながら反応が進行する．二つの反応形式の違いは，平衡電位の組
成依存性を評価することで区別をすることができる．ステージ構造のように一つ
の固相が別の相に変化していく間は，平衡電位は一定であるが，連続的に組成が
変化する固溶体が生成する場合には，組成の変化につれて平衡電位が徐々に変化
する（図 6.12）．
　　カルコゲン化合物の中に Mo_6X_8 または $M_xMo_6S_8$ といった組成を有する物質

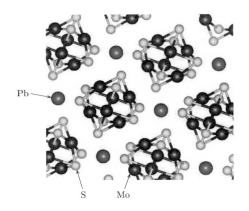

図 **6.13** Chevrel 相 PbMo$_6$S$_8$ の結晶構造の模式図

群を，発見者の名前から Chevrel（シェブレル）相とよぶ．S 原子の立方体で囲まれた Mo 原子の八面体 Mo$_6$S$_8$ を構造単位として 3 次元的な構造をなしており（図6.13），その間に種々の陽イオンを挿入することができる．Chevrel 相は種々の注目すべき物性を示す．PbMo$_6$S$_8$ は超伝導性を示し，きわめて高磁場まで超伝導性を保持することは知られており，この点において銅酸化物型の高温超伝導体よりも優れていると考えられている．また挿入された陽イオンは，存在する位置の周辺でがたがたと動く（ラットリング）ことが知られている．このため電子電導率に対して熱伝導率が小さく，熱電素子や Peltier（ペルチェ）素子などへの応用の可能性がある．また，Mg イオンのような多価イオンを電気化学的に可逆的に脱挿入できることが知られている．

6.3.5 17 族元素の化合物

　フッ素，塩素，臭素，ヨウ素，アスタチンは金属元素と化合して塩を生じやすいので，ハロゲン元素とよばれる代表的な非金属元素である．ハロゲンには「塩をつくるもの」という意味がある．フッ素が全元素中最も電気陰性度が高く，アスタチンに向かうにつれて電気陰性度は小さくなる．単体は比較的強い酸化剤であり，酸化還元電位は F$_2$ が最も高く，ヨウ素に向かうにつれて酸化還元電位は低くなる．単体蒸気の色は F$_2$ のごく淡い黄緑色から，Cl$_2$ の黄緑，Br$_2$ の赤茶，

I_2 の紫というように極大吸収がしだいに長波長側に変化している．これは族の下のほうに行くにつれて HOMO-LUMO ギャップが減少していることを反映している．ハロゲンの水素酸はフッ化水素酸だけは弱酸である．それ以外は強酸であり，塩化水素酸からヨウ化水素酸に向かうにつれて，酸の強度が増す．これはハロゲンのイオン半径が小さいほどプロトンとの静電引力が強く解離しにくいことに起因する．

　フッ素は蛍石 CaF_2 として産出する．蛍石に硫酸を加えて加熱するとフッ化水素 HF を生じる．フッ化水素を水に溶かすとフッ化水素酸が得られる．他のハロゲン化水素酸は強酸であるが，フッ化水素酸は弱酸である．フッ化水素酸はガラスや多くの金属を腐食する．血液や骨に含まれるカルシウムイオンと容易に結合して，骨を冒し低カルシウム血症を引き起こすため有毒であり，医薬用外毒物に指定されている．また，フッ素と炭素は安定な化合物をつくる．合成樹脂テフロンは熱的・機械的・化学的に優れた特性を示し，日用品のコーティング材料や絶縁材料として広く用いられている．

　塩素は塩化ナトリウム水溶液を電解すると陽極に得られる．塩素は水によく溶け，次亜塩素酸を生じる．また，水酸化ナトリウムの水溶液に塩素を通じると次亜塩素酸ナトリウムを生じる．次亜塩素酸ナトリウムは塩素系漂白剤の主成分であるなど最もよく用いられる酸化剤である．水溶液の次亜塩素酸および次亜塩素酸ナトリウムは不安定であり，光や熱などによって分解する．次亜塩素酸ナトリウムの分解によって塩素酸ナトリウムが生じる．塩素酸塩は強酸と混合すると爆発するので強酸と混合してはいけない．これは遊離した塩素酸が分解して生じる ClO_2 が爆発的に分解するからである．また衝撃，摩擦，加熱，有機物など可燃性物質との混合によっても爆発する可能性があるので，取扱いに注意が必要である．

$$Cl_2 + H_2O \rightleftharpoons HCl + HClO$$
$$Cl_2 + 2NaOH \longrightarrow NaClO + NaCl + H_2O$$
$$3NaClO \longrightarrow NaClO_3 + 2NaCl$$
$$3HClO_3 \longrightarrow 2ClO_2 + HClO_4 + H_2O$$
$$2ClO_2 \longrightarrow Cl_2 + 2O_2$$

　塩素酸カリウムの溶液を電解すると，陽極に過塩素酸カリウムが得られる．過塩素酸塩は塩素酸塩と比べ安定であるが，可燃性物質と混合されている場合，強い衝撃，強熱，強酸との混合によって急激な燃焼を起こし，場合によっては爆発

する．塩素酸塩と過塩素酸塩は消防法によって危険物に指定されているため使用には免状が必要である．過塩素酸は非常に強い酸であり，過塩素酸塩は溶媒に溶けるとほとんど完全に解離する強電解質である．過塩素酸テトラブチルアンモニウムが有機電解液を用いる場合の支持電解質にしばしば用いられる．ここまででみられているように塩素のオキソアニオンによる酸化反応の速度は酸化状態が低いものほど速い．これは他のハロゲンにおいても成り立つ．またハロゲン間で比較した場合，ハロゲンが重いものほどすみやかに反応する傾向がある．この傾向はハロゲンが最高酸化数状態にある場合に顕著である．

　臭素は海水など臭化物イオンを含む水溶液に酸性条件下で塩素ガスを吹き込んで酸化させると得られる．臭素は塩素とよく似た性質を示す．水に溶けて次亜臭素酸を生じ，水酸化ナトリウムの水溶液に溶かして熱すると臭素酸ナトリウムが得られる．

　ヨウ素は臭素と同様の方法で単体が得られる．ヨウ素は水にはほとんど不溶であるが，ヨウ化物イオンがあると I_3^- となってよく溶け褐色の水溶液となる．I_3^- は次のような酸化還元反応を起こす．この反応は色素増感太陽電池において光励起された色素の還元に利用されており，アノード中の酸化チタンの伝導帯との電位差が太陽電池の開放端電位となる．

$$I_3^- + 2e^- \longrightarrow 3I^-$$

　ハロゲンはハロゲンどうしで化学式 XY，XY_3，XY_5，XY_7 をもつ分子状の化合物をつくる．これらの化合物においてより重く電気陰性度が小さいほうのハロゲン X が中心原子になっている．二原子のハロゲン間化合物 XY はハロゲン元素のあらゆる組合せで得られるが，その多くは安定ではない．ハロゲン間化合物 XY の物理的性質は各成分の単体分子 X_2 と Y_2 の間になる．高次のハロゲン間化合物 XY_3，XY_5，XY_7 のほとんどはフッ化物である．フッ素を含むハロゲン間化合物は Lewis 酸でかつ強酸化剤である．無色の気体である ClF_3 が物質をフッ素化する速度は F_2 より速く，多くの元素や化合物に対して強力なフッ素化剤となる．黄色の液体である BrF_3 と無色の液体である BrF_5 は有機物と爆発的に反応するうえ，アスベストを燃やすなど多くの金属酸化物から酸素を追い出すなどほとんどすべての化合物と反応してフッ化物をつくる．爆発するので有機物と混合してはいけない．また，水とも激しく反応して酸素を発生するため，発火した場合には水系の消化剤を用いてはいけない．

6.4　dブロック金属の化合物

　dブロック金属の化学的性質は工業においても最新の研究においても中心的な役割を担っている．化学的に軟らかいdブロック金属は硫化物鉱物として産出し，より電気的に陽性で化学的に硬い金属は主に酸化物鉱物として産出する．3d系列であれば鉄より左側にある元素は主に酸化物鉱物として産出し，コバルトから亜鉛までの元素は主に硫化物およびヒ化物として産出する．3d系列中で右へ行くほど2価の陽イオンが化学的に軟らかくなるからである．dブロック金属イオンの半径は原子核の有効核電荷に依存する．そのため一般的には周期表の右に行くほどイオン半径は小さくなる．また右へ行くほどイオン化エネルギーが大きくなる．

　dブロック金属は複数の酸化状態をとる．dブロック金属の左のほうの元素は族番号と同じ数の酸化数までとることができる．3族のスカンジウム，イットリウム，ランタンの酸化数は+3のみである．3d系列に限れば7族までの金属では酸化数が+2から族番号までの酸化数をとることができる．8族より右の金属では，酸化数が族番号になることはない．高い酸化状態は酸素やフッ素などの酸化力の強い元素との化合物においてみられる．最高の酸化状態をもたらすのに，酸素はフッ素よりも効果的である．金属を同じ酸化数にするのに要する原子の数が酸素のほうがフッ素より少なくて済み，立体的に混み合った状態が防げるからである．4族から10族までの元素では最高酸化状態は族の下の元素ほど安定になる．

　3d系列において水溶液中または硬い配位子との組合せでは最低の酸化状態は+2であることがほとんどである．水溶液中における2価のアクアイオンの多くはd-d遷移の結果として可視光を吸収するため鮮やかな色を示している．1価のdブロック金属イオンのほとんどは金属状態と2価イオンとに不均化する．これは固体金属状態が安定だからである．3d系列の左側では+3の酸化状態が一般的である．右へ行くほど3価イオンの安定性は下がる．マンガンより右では3価イオンよりも2価イオンのほうが安定であり，3価のイオンは酸化力をもつ．4dおよび5d系列の金属は，3d系列とは異なり2価のアクアイオンをつくることはまれである．一方で水以外の配位子とは多くの錯体を形成する．

　dブロック元素のハロゲン化物はすべての元素においてみられ，ほとんどすべての酸化状態をとる．酸化力の強いハロゲンほど高い酸化状態をもたらす．ま

表 6.5 3d 系列元素の一酸化物 MO と一硫化物 MS の結晶構造

	Ti	V	Cr	Mn	Fe	Co	Ni
MO	NaCl 型	NaCl 型	NaCl 型	NaCl 型	NaCl 型	NaCl 型	NaCl 型
MS	NiAs 型	NiAs 型	NiAs 型	NaCl 型	NiAs 型	NiAs 型	NiAs 型

た，低酸化状態のハロゲン化物はヨウ化物や臭化物のほうが安定となる．最も一般的なのは二ハロゲン化物である．これは典型的なイオン性固体であり，水に可溶である．また高酸化状態のハロゲン化物においては共有結合性が支配的となる．6 族においてはフッ化物でさえもイオン性をもたず，実際 WF_6 は気体である．

酸素との結合によって高い酸化状態が得られる一方で，多くの 3d 系列金属では一酸化物が知られている．表 6.5 に示すように，これらの一酸化物は岩塩型の結晶構造を有する．3d 系列の中央および右のほうの金属の一酸化物，すなわち MnO，FeO，CoO，NiO は電子電導率が低く，絶縁体であるか，または半導体である．その一方で TiO および VO の電子電導率は高く，温度を上げると減少するという金属的な伝導特性を示す．大部分の 3d 系列金属の一硫化物はヒ化ニッケル型構造をとる．イオン結合性の強い一酸化物では岩塩型構造が優先し，共有結合性の強い一硫化物ではヒ化ニッケル構造をとりやすい．

3d 系列の遷移金属の電子配置は，d 副殻の収容可能電子数に達する前に 4s 殻に電子が入るため，不対電子を有している．不対電子どうしのスピンがそろっていることでスピン磁気モーメントが生じ磁性を示す．3d 系列の単体の多くは，外部磁場がないときには磁化をもたず磁場を印加するとその方向に弱く磁化する常磁性体であるが，鉄，コバルト，ニッケルは単体で外部磁場がなくても自発磁化をもつことができる強磁性体である．化合物においても不対電子を保持していれば磁性を示す．d^5 イオンであり不対電子をもつ Mn^{2+} は磁性を示す．その酸化物 MnO は，酸化物イオンを挟み隣り合う Mn^{2+} がもつスピンが互いに逆方向となるため，全体として磁気モーメントをもたない反強磁性を示す．反強磁性の起源については，次に概要を示すような超交換相互作用によって説明される．すなわち，二つの Mn^{2+} イオンに挟まれた酸化物イオンが結合をつくるために 2p 電子を一つずつ供出するが，それらのスピンは逆向きとなる．エネルギーを最小にして安定化するために二つの Mn^{2+} イオンの電子スピンは 2p 電子と逆向きに

PO$_4$ 四面体

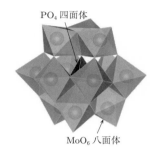

MoO$_6$ 八面体

図 **6.14** Keggin 型構造を有するポリオキソ
メタレート[PMo$_{12}$O$_{40}$]$^{3-}$ の模式図

そろう．このため酸化物イオンを挟んで隣り合う二つの Mn^{2+} イオンの電子スピ
ンは反対方向を向き，互いに打ち消し合う．

　4～7 族の金属は，最高の酸化状態においてポリオキソメタレートを容易に生
成する．ポリオキソメタレートとは金属原子を二つ以上もつオキソアニオンであ
る（図 6.14）．とくにバナジウム，モリブデン，タングステンが多様なポリオキソ
メタレートを生成することが知られている．複数種のオキソ酸から成るものも存
在し，ヘテロポリ酸とよばれる．最高酸化数のポリオキソメタレートは酸化され
ないため，酸化触媒として優れた特性を示す．また，高い酸化数をもつ中心元素
の存在のためプロトンを解離しやすいので，強酸である場合が多い．構成元素は
異なるが同じ構造を有する場合があり，そういった構造は Keggin（ケギン）型，
Anderson（アンダーソン）型，Dawson（ドーソン）型といったように，発見者の名
前で呼称する場合が多い．

6.4.1　12 族元素の化合物

　完全に占有された d 副殻の外側に価電子として s 電子を二つもつので，アルカ
リ土類金属ほど活性が高くはないが似た性質を示す．また，化合物中では通常 2
価をとる．酸化物や水酸化物は水に不溶だが，硫酸塩，硝酸塩，ハロゲン化物は
水に可溶である．単体の金属上での水素の発生過電圧が比較的大きい．

　亜鉛はアルミニウム，スズ，鉛と並ぶ代表的な両性元素で，単体金属，酸化
物，水酸化物は何れも酸にもアルカリにも溶ける．硫化亜鉛は 3.5 eV 以上のバ

ンドギャップをもつ半導体である．α 線・X 線・電子線などの照射によって発光するという性質があり，X 線の増感剤やブラウン管の蛍光体として用いられていた．また，不純物が存在するとりん光を帯びる．とくに銅をドープしたものは発光時間が 10～30 分継続するため蓄光材料として用いられてきた．

　硫化カドミウムも同様にりん光を帯びる．硫化カドミウムは 2.42 eV のバンドギャップをもつ半導体であり，可視光を吸収することから太陽電池や光センサーなど光エレクトロニクス材料として利用されている．また，カドミウムの水酸化物はニッケルカドミウム蓄電池の負極材料として用いられている．水酸化カドミウムの反応が水の還元分解電位とほぼ同じ電位で起こるため，ニッケルカドミウム蓄電池は水の電位窓 1.23 V に近い 1.2 V 程度の電圧を示す．

6.4.2　11 族元素の化合物

　イオン化傾向は水素より小さく，酸に冒されにくく，酸化もされがたいので貴金属とよばれる．単体は熱・電気の良導体である．11 族の元素のみが単純な一ハロゲン化物をつくる．銅と銀の一ハロゲン化物はきわめて水に溶けにくい．

　硫酸銅 $CuSO_4$ の水溶液に NaOH を加えると $Cu(OH)_2$ の沈殿を生じるが，ここに酒石酸ナトリウムカリウムの水溶液を加えると，Cu^{2+} は錯イオンをつくって溶解し濃青色を示す．この溶液は Fehling（フェーリング）溶液とよばれ，ブドウ糖やアスコルビン酸など還元性物質を加えると赤色の Cu_2O が析出するので，還元性物質の検出に用いられる．

　銅酸化物高温超伝導体とよばれる一連の高温超伝導体群が存在する．図 6.15

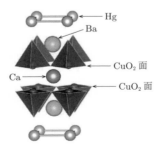

図 6.15　銅酸化物高温超伝導体 $HgBa_2CaCu_2O_{6-\delta}$
の結晶構造の模式図

に示すように，銅酸化物高温超伝導体は必ず CuO_2 面とよばれる酸化物層を構造内に有しており，CuO_2 面に電子またはホールを導入することによって超伝導性が発現する．

　ハロゲン化銀は水にほとんど溶けないこと，感光性があり分解して金属になるという二つの性質から臭化銀が写真の感光剤に利用されている．またチオ硫酸ナトリウムの水溶液がフィルムの定着剤として用いられる．未感光でフィルム上に残存している不溶性の臭化銀との反応で可溶性の銀錯イオンを形成して溶解するという反応を利用している．

$$AgBr + 2Na_2S_2O_3 \longrightarrow Na_3[Ag(S_2O_3)_2] + NaBr$$

　金は酸化に対してきわめて安定であり，酸素とは高温でも反応しないが，塩素・臭素と直接反応して $AuCl_3$，$AuBr_3$ を生じる．また，金は耐酸性，耐アルカリ性が高く，セレン酸や王水などきわめて強い酸化力をもつ酸には溶解する．金の化合物は3価のものが安定である．

$$3HCl + HNO_3 \longrightarrow Cl_2 + NOCl + 2H_2O$$
$$Au + NOCl + Cl_2 + HCl \longrightarrow H[AuCl_4] + NO$$

6.4.3　8～10族元素の化合物

　3d 系列の8～10族元素である鉄，コバルト，ニッケルは互いによく似た性質を示す．化合物中では2価または3価をとる．鉄では3価がより安定であり，コバルト，ニッケルでは2価が一般的である．何れも希酸には水素を発して溶けるが，濃硝酸には不動態をつくって溶けない．硫化物，水酸化物，酸化物，炭酸塩は水に不溶だが，硫酸塩，硝酸塩，ハロゲン化物は水に可溶である．

　フェライトは酸化鉄を主成分とするセラミックスの総称である．強磁性を示すものが大半であり，磁性材料として広く用いられている．最も一般的なものはスピネル型構造を有するスピネルフェライト AFe_2O_4 である．スピネルフェライトは透磁率が高く，また電気抵抗が高いことから高周波数領域での渦電流損失が小さいため，高周波用のインダクタやトランスの磁芯材料として用いられている．フェライト磁石として用いられているのは $BaFe_{12}O_{19}$ や $SrFe_{12}O_{19}$ である．

　またこれらフェライトが磁性を示すことを利用して，重金属の分離回収がなされている．重金属を含む排水に硫酸鉄を加え，加熱しながら空気酸化させると排水中で重金属を含むフェライトが生成する．フェライトは強磁性物質なので，磁

石を利用した磁気分離機に掛けることで，重金属をフェライトごと回収すること
ができる．2008 年に $LaFeAsO_{1-x}F_x$ という組成を有する鉄系化合物が銅酸化物
高温超伝導体以外では最も高い超伝導転移温度を示す超伝導性を示すことが報告
された．鉄系超伝導体は臨界電流密度が大きいことで注目されているほか，鉄系
超伝導物質の発見は超伝導体が磁性に弱いため鉄の化合物は超伝導を示さないだ
ろうと考えられてきた常識が覆され，新たな超伝導物質の可能性を広げるもので
ある．

　コバルトとリチウムの複酸化物であるコバルト酸リチウム $LiCoO_2$ はリチウム
イオン二次電池の，ニッケルの水酸化物 $Ni(OH)_2$ はニッケルカドミウム蓄電池
およびニッケル水素蓄電池のそれぞれ正極材料として用いられている．これら二
つの電池材料には共通点がある．$LiCoO_2$，$Ni(OH)_2$ ともに層状構造であり，
CdI_2 型の酸化物層 CoO_2 および NiO_2 の層間にそれぞれリチウムイオンとプロト
ンが入ったホスト–ゲスト型の化合物である．電池の充放電に伴う反応によって
層間のリチウムまたはプロトンが脱挿入され，その層間がその輸送経路となる．
ホスト層の構造は反応によって変化しないトポタクティックな反応であり，優れ
た充放電サイクル寿命の要因となっている．

　4d 系列および 5d 系列の 8～10 族元素であるルテニウム，ロジウム，パラジウ
ム，オスミウム，イリジウム，白金は何れも白金鉱中に存在し，性質が相互によ
く似ているので白金族元素とよばれる．第一遷移元素とは性質が大きく異なり，
強磁性を示さず，また酸に冒されにくい．金属そのものや錯体に優れた触媒作用
を示すものが多い．オスミウムは融点が高く硬いので，イリジウムとの合金は万
年筆のペン先に用いられている．白金とイリジウムの合金は硬度が高く，キログ
ラム原器やメートル原器の材料として使われていた．

　ルテニウムは化合物中で主に 3 価または 4 価をとる．RuO_2 は安定な酸化物で
ある．ペルオキソ二硫酸などの強い酸化剤によって酸化されると揮発性の RuO_4
を生じる．オスミウムは酸化されやすく，酸化すると OsO_4 を生じる．OsO_4 は
強酸化剤であり，猛毒で蒸気が目に入ると失明のおそれがある．OsO_4 は有機合
成分野において，オレフィンを 1,2-ジオールへと変換する重要な酸化剤として用
いられる．機構としては炭素－炭素二重結合に対して OsO_4 がシス付加して 6 価
の環状オスミウム酸エステルを生じ，これが加水分解されてジオールを生ずると
考えられている．

6.4.4　7 族元素の化合物

7 族の単体は銀白色の金属である．テクネチウムは人工放射性元素である．マンガンは 2〜7 価，テクネチウム，レニウムは 4〜7 価の数多くの酸化数をとる．マンガンは酸に溶けるが，テクネチウムとレニウムのイオン化傾向は水素よりも小さいので酸化力のある酸でないと溶けない．

単体のマンガンのイオン化傾向は鉄よりずっと大きく，空気中で徐々に酸化されるほか，非金属とは常温で反応して化合物を生成する．

硫酸マンガン水溶液を電解することで得られる MnO_2 が乾電池の正極材料として用いられている．MnO_2 と KOH とを空気中で融解すると緑色のマンガン酸カリウム K_2MnO_4 が得られる．K_2MnO_4 は塩基性条件下では比較的安定な水溶液として存在するが，酸を加えると瞬時に加水分解して赤紫色の過マンガン酸カリウム $KMnO_4$ と褐色の MnO_2 を生じる．$KMnO_4$ は消防法で定められた酸化性固体であるなど代表的な酸化剤である．$KMnO_4$ に濃硫酸を加えると過マンガン酸 $HMnO_7$ を遊離し，これが脱水されて爆発性の Mn_2O_7 を生じるため，$KMnO_4$ に硫酸を加えてはいけない．

$$2MnO_2 + 4KOH + O_2 \longrightarrow 2K_2MnO_4 + 2H_2O$$

$$3K_2MnO_4 + 2H_2O \longrightarrow 2KMnO_4 + MnO_2 + 4KOH$$

テクネチウムとレニウムは 4 価と 7 価が一般的な価数であり，7 価が最も安定である．Mn_2O_7 が液体であるのに対して，Tc_2O_7 と Re_2O_7 は固体である．これら 7 価の酸化物は揮発性を示す．

6.4.5　6 族元素の化合物

6 族の単体は白色または灰白色の金属で，常温では空気中において安定で，融点が高い．典型的な遷移元素で種々の酸化数をとるが，族酸化数が安定に存在する．錯体をつくる傾向が強い．

金属クロムは強熱すれば，酸素のほか，ハロゲン，硫黄，窒素，炭素，ケイ素と直接反応し化合物をつくる．クロムは通常の化合物中では 2 価，3 価，6 価をとる．水溶液中では 3 価が安定である．酸化クロムは両性を示し，酸にもアルカリにも溶ける．亜クロム酸に過酸化水素や次亜塩素酸などを作用させると，酸化されてクロム酸塩を生じる．黄色のクロム酸塩の溶液に酸を加えていくと，赤

褐色の二クロム酸イオンになる. 二クロム酸塩はクロム酸塩より水に溶けやすい. 二クロム酸塩は強い酸化剤であり, そのため毒性が強い. また可燃物, 有機物, 還元剤と混合・接触させると, 加熱, 衝撃または摩擦によって発火または爆発を起こすことがある. 酸化力を利用して, 二クロム酸カリウムの硫酸酸性溶液はガラス器具の洗浄に用いられる場合があるが, 毒性が強いので管理に留意する必要がある.

$$Cr_2O_3 + 6HCl \longrightarrow 2CrCl_3 + 3H_2O$$
$$Cr_2O_3 + 2KOH \longrightarrow 2KCrO_2 + H_2O$$
$$2KCrO_2 + 2KOH + 3H_2O_2 \longrightarrow 2K_2CrO_4 + 4H_2O$$
$$2K_2CrO_4 + H_2SO_4 \longrightarrow K_2Cr_2O_7 + K_2SO_4 + H_2O$$

化合物中においてモリブデンは3〜6価を, タングステンは4〜6価をとるが, 最も安定な価数は6価である. 単体のモリブデン, タングステンを空気中で加熱すると酸化物 MoO_3, WO_3 を生じる. これらの酸化物は水や酸にはわずかしか溶けないが, アルカリには溶ける.

酸化モリブデンは融点が795℃と比較的低いため, フラックスとして単結晶育成に用いられている. 層状構造を有する MoS_2 はつるつるとした物質であるため, ベアリング用の固体潤滑剤として用いられている.

WF_6 は共有結合性が強く, 常温常圧において腐食性を有する無色の気体である. WF_6 の分解によって基板上に金属タングステンを堆積させることができる. 金属タングステンは抵抗が低く, 通電によって原子が電子によって運ばれるエレクトロマイグレーションが少ないうえ, 比較的高い熱的および化学的安定性のために集積回路の魅力的な素材である.

6.4.6　5族元素の化合物

5族の単体は最も耐食性に優れた元素である. 室温では酸化物の被膜で表面を保護され, 空気にも水にも冒されず, 通常の酸や塩基にも冒されない. バナジウムは鉄鋼に添加して強度と展延性を増し, ニオブやタンタルはステンレスに添加して耐熱性と硬度を改善する.

バナジウムは酸化力のある硝酸, 濃硫酸, 王水に溶ける. また融解アルカリと反応し, とくに酸素があると著しい. 高温では多くの元素と直接反応してハロゲン化物, 窒化物, 炭化物をつくる.

$$4V + 5O_2 + 12KOH \longrightarrow 4K_3VO_4 + 6H_2O$$

バナジウムは遷移元素としての性質が顕著で，2～5価の酸化数をとる．高温で酸素と反応させると，V_2O_3，V_2O_4 など種々の酸化物を経て V_2O_5 を生じる．V_2O_5 は硫酸製造の触媒として用いられる．

$$V_2O_5 + SO_2 \longrightarrow V_2O_4 + SO_3$$

ニオブは熱 HCl，熱濃硫酸に溶けるが硝酸には溶けない．タンタルはフッ化水素酸と硝酸の混酸に溶ける．融解アルカリには何れもよく反応し，ニオブ酸塩・タンタル酸塩を生じる．高温ではバナジウムと同様に多くの元素と直接反応して酸化物やハロゲン化物を生じる．ハロゲン化物は酸に溶けるが，希釈すると加水分解してニオブ酸水和物やタンタル酸水和物が沈殿する．

$$3Ta + 5HNO_3 + 21HF \longrightarrow 3H_2[TaF_7] + 5NO + 10H_2O$$

$$4Nb + 5O_2 + 12KOH \longrightarrow 4K_3NbO_4 + 6H_2O$$

ニオブとタンタルの化合物においては主に酸化数は5価である．両元素は互いによく似た性質を示すため分離が困難である．イルメナイト型(歪んだペロブスカイト型)構造を有するニオブ酸リチウムおよびタンタル酸リチウムは，非線形光学材料としてレーザー媒質に，あるいは圧電セラミックスとして圧電素子，表面弾性波素子などに利用されている．

6.4.7　4族元素の化合物

4族の単体も耐食性に優れた元素である．室温では，空気にも水にも冒されず，通常の酸や塩基にも冒されない．合金に添加すると強度と耐食性を増す．

チタンは常温ではフッ化水素酸以外の酸や塩基には溶けにくい．加温すれば塩酸に溶けて $TiCl_3$ を生じる．酸化チタン TiO_2 は酸にも塩基にも溶けないが，フッ化水素酸には溶ける．溶融アルカリと反応してチタン酸塩を生じる．

$$TiO_2 + 6HF \longrightarrow H_2[TiF_6] + 2H_2O$$

$$TiO_2 + 2NaOH \longrightarrow Na_2TiO_3 + H_2O$$

酸化チタン TiO_2 は光触媒材料として知られている．酸化チタンのバンドギャップを超えるエネルギーをもつ紫外線を照射すると，価電子帯の電子が紫外光で伝導帯に励起され，非常に酸化力の強い正孔が生成される．酸化チタンは酸化力の強い正孔で酸化されない安定な酸化物であり，有機物などを酸化分解することができる．また，酸化チタン表面は紫外線照射によって超親水性を示す．

　ペロブスカイト型構造を有するチタン酸バリウム $BaTiO_3$ は，きわめて高い比誘電率をもつことからセラミック積層コンデンサなどの誘電体材料として広く使用されている代表的な電子材料の一つであり，代表的な強誘電体，圧電体としても知られる．

　ジルコニウムは中性子をよく通すので，ジルコニウム合金が原子炉の燃料棒被覆管に用いられている．酸化チタンと同様にフッ化水素酸以外の酸や塩基に冒されないなど化学的に安定である．酸化物 ZrO_2 は融点が2700 ℃ と高いため耐熱性セラミックスとして用いられている．ジルコニア ZrO_2 は高温では立方晶蛍石型構造であるが，温度を下げるにつれて正方晶，単斜晶へと体積変化を伴って相転移する．このため昇降温を繰り返すと破壊する．ジルコニアに酸化カルシウム，酸化マグネシウム，酸化イットリウムを固溶させると酸化物イオンの空孔が生じ，立方晶が室温まで安定化する．このように安定化剤を添加したものを安定化ジルコニアとよぶ．安定化ジルコニアは耐火物や歯冠補綴物に用いられるほか，600 ℃ 以上の高温では固体内を酸化物イオンが伝導することから，固体酸化物型燃料電池の電解質や酸素センサーとして用いられている．セラミックス製の包丁，はさみに用いられているのは，安定化剤の量を抑えた部分安定化ジルコニアとよばれるものである．応力によって相転移が起こるような組成にすることで靭性が高められている．

　ハフニウムはジルコニウムとほぼ同じ化学的性質を示すが，高価であるので一般的には使用されない．ジルコニウムと違い，中性子をよく吸収する（ジルコニウムの 500 倍）ので原子炉の制御棒に用いる．

6.4.8　3 族元素の化合物

　スカンジウムはアルミニウムによく似た両性元素の性質を示す．水にはゆっくり溶け，熱水や酸には易溶．常温において空気中で酸化され，ハロゲン元素と反応する．スカンジウムは反応性と価格が高く，化合物の応用に関する研究開発があまり進まなかった．ヨウ化スカンジウム ScI_3 がアーク放電による放電灯の封入ガスに用いられるようになり，需要が伸びている．

　イットリウムはジルコニアの安定化剤としての用途のほかに，ガーネット型構造をもつイットリウムとアルミニウムの複酸化物が固体レーザーに，イットリウムと鉄の複酸化物が磁気光学結晶として用いられている．

6.5　f ブロック元素の化合物

　f ブロックには二つの系列があり，それぞれ 15 個の元素を含んでいる．4f 系列元素をランタノイド，5f 系列をアクチノイドとよぶ．5f 系列ではトリウムとウラン以外の元素は自然界にはまったく，またはごくわずかしか存在せず，人工的につくられた放射性元素である．そのため 5f 系列元素の物理的・化学的性質は不明な部分が多い．スカンジウム，イットリウムと 4f 系列元素を総称して希土類元素とよぶ．地殻中に存在する量は必ずしも少ないというわけではないが，分布に偏りがある．

　4f 系列元素は 4f 電子が内殻に埋もれているため，互いによく似た化学的性質を示す．単体は白色ないしは灰白色で，s ブロック元素についで陽性が大きく空気中で徐々に酸化される．酸化物は酸によく溶けて塩を生成する．また比較的水によく溶けて塩基性を示す．原子番号が大きくなるにつれて水酸化物の塩基性は弱くなる．シュウ酸塩，リン酸塩，炭酸塩は水に難溶である．フッ素以外のハロゲン化物，硝酸塩，硫酸塩は水に溶ける．

　4f 系列元素の電子配置は $[Xe]4f^n5d^16s^2$ と表される．5d 電子と 6s 電子が除かれたキセノン類似の状態になると f 電子は原子核から強い束縛を受け，キセノン類似の電子殻以上に広がらない．そのため 4f 系列元素の酸化数は基本的には 3 価である．例外として f^0 イオンである Ce^{4+}，f^7 イオンである Eu^{2+} は比較的安定に存在する．4f 軌道は核電荷の遮蔽が十分ではないため，ランタンからルテチウムに向かって核電荷が増加するにつれてイオン半径が小さくなる．これをランタノイド収縮とよぶ．4f 系列元素のイオン半径は比較的大きく，収容できる間隙をもつ酸化物構造はさほど多くなく，ペロブスカイト型構造やガーネット型構造でみられることが多い．ペロブスカイト型構造 ABO_3 における A サイトは 12 配位，ガーネット型構造 $A_3B_2(XO_4)_3$ における A サイトは 8 配位であり 4f 系列イオンを収容することができる．それらの構造の中でランタノイドの種類を変えることによってイオンの大きさを変えることができるため，物性を変化させることができる．

　3d 系列元素と同様に 4f 系列元素は不対電子を有するため，磁性を示す．4f 系列元素を用いた強力な永久磁石が実用化されている．サマリウムコバルト磁石 Sm_2Co_{17} やネオジム磁石 $Nd_2Fe_{14}B$ がその代表例である．ネオジム磁石には温度特性を向上させるためにやはり 4f 系列のジスプロシウムが添加される．ネオジ

ム磁石はハードディスクのモーター，MRI の磁石などに用いられているほか，電気自動車やハイブリッド車のモーターとして需要が急増している．ジスプロシウムは重希土類元素であり，とくに地殻埋蔵量が少ないうえに，採掘できる地域が限られているためジスプロシウムを用いない高性能磁石が求められていた．文部科学省が 2007 年度に着手した元素戦略プロジェクトによってジスプロシウムを用いない高性能磁石が実現した．

　4f 系列金属は金属原子 1 個あたり最大 3 個もの水素原子を吸収して超高濃度水素化物となるため，高性能水素貯蔵材料の構成元素となり得る．容易に水素化物をつくる一方で水素の放出能力が小さいため，水素と反応しにくい金属と合金をつくることで可逆に水素を出し入れできる水素吸蔵合金として用いられる．ランタンとニッケルの合金 $LaNi_5$ は水素吸蔵量が多い．4f 系列元素は互いに分離するのが難しいため，分離せずに f 系列元素の合金としてニッケル水素電池の負極用水素吸蔵合金として用いられる．

　ユウロピウムは 4f-5d 遷移の吸収帯によって効率良く励起エネルギーを吸収および発光できるので，効率の良い蛍光体を作成することができる．ユウロピウムをドープした $SrAl_2O_4$ は，青色部（ピーク波長 480 nm 付近）に吸収帯が伸びていて太陽光や蛍光ランプの光で光らせることができるほか，高い輝度を有し暗闇で 8 時間以上の持続性がある．ユウロピウムの発光は一つの基底状態への遷移であり，発光帯の幅が狭く，色純度の良い発光が得られる．

6.6 配位化合物

　錯体とは，配位子に囲まれた金属原子またはイオンを含む構造体を指す．配位子とは単独でも存在し得るイオンまたは分子である．中性の錯体，またはいくつかのイオンのうち少なくとも一つが錯体であるイオン性化合物を配位化合物とよぶ．錯体は Lewis 酸となる中心金属原子と，Lewis 塩基である配位子との組合せである．周期表上のすべての金属原子は錯体を形成し得るが，d ブロック元素および f ブロック元素は配位化合物をつくりやすい．これは不完全な d 軌道，f 軌道を有するので，配位子の電子対を共有することで中心金属原子が貴ガスまたはそれに近い電子配置をとることで安定化するからである．

　中心金属原子またはイオンに直接結合している配位子の数を配位数とよぶ．配位数は 2〜12 までさまざまな値をとる．配位数を決定する主な要素としては，中

心原子またはイオンの大きさ，価電子数，および配位子間の立体障害である．半径の大きな原子やイオンは高い配位数をとる．周期表において下に行くほど，また同一周期においては左側にあるほどイオン半径は大きく，高い配位数をとることが多い．溶液中で存在する主要な錯体のほとんどは 4〜6 の配位数である．一組の電子対をもつ原子で配位する配位子を単座配位子といい，複数の電子対をもつものを多座配位子とよぶ．エチレンジアミンのように，1 分子中に 2 個の配位原子をもち，これらが同時に一つの中心金属原子を挟みこむように配位する二座配位子をキレート配位子とよび，生じた錯体をキレートとよぶ．キレート環をもつ錯体は単座配位子による錯体よりも安定である．エチレンジアミンテトラ酢酸 (ethylenediaminetetraacetic acid：EDTA) は 6 個の配位原子をもち，これらのすべてで中心金属イオンに配位し得るような配列をしているので，きわめて安定な錯体を形成する．塩基性水溶液に EDTA を加えておくとシュウ酸塩や硫酸塩によるカルシウムやバリウムの沈殿を防ぐことができる．また EDTA を用いることで互いに性質がよく似ている希土類を分離することができる．ランタンからルテチウムに向けてイオン半径が小さくなるにつれて希土類イオンと EDTA による錯形成の平衡定数がわずかずつ増加する．希土類イオンを吸着させた陽イオン交換樹脂カラムに EDTA の水溶液を流すとイオン半径の小さい (スカンジウムが含まれていればスカンジウムがまず流下し，つづいて) ルテチウムから原子番号の逆順序に流下する．

　塩化クロム $CrCl_3 \cdot 6H_2O$ を希薄な水溶液にすると，当初は緑色の溶液であったのが，青緑色を経て紫色に変化することが知られている．緑色の溶液中においてクロムは $[Cr(H_2O)_4Cl_2]^+$ として存在する．青緑色，紫色の溶液中においてはそれぞれ $[Cr(H_2O)_5Cl]^{2+}$，$[Cr(H_2O)_6]^{3+}$ として存在する．このように $CrCl_3 \cdot 6H_2O$ には組成式が同じでも水分子の配位の仕方が異なる異性体が存在する．このような異性体を水和異性体とよぶ．なお紫色の溶液に塩酸を加えて加熱すると溶液の色は逆に青緑色を経て緑色に変化する．また塩化コバルト $CoCl_2$ は青色であるが，吸湿して水和物 $[Co(H_2O)_6]Cl_2$ になると淡い赤色を示す．このためシリカゲルなどに添加されて水分の指示薬として用いられている．

　一般に，遷移金属錯体においては配位子場によって分裂した電子軌道間の電子遷移 (d-d 遷移) によって光を吸収する．金属の種類，酸化状態，配位子の種類，数，配位構造などにより電子軌道のエネルギー準位が異なるので，吸収される光の波長が異なり，種々の色を示す．また錯体の呈色の原因として d-d 遷移のほ

かに電荷移動遷移がある．電荷移動遷移は，配位子の性格が支配的な軌道と，金属の性格が支配的な軌道との間の電子の移動によって生じる．配位子から金属に電子が移動する遷移を配位子–金属電荷移動(ligand to metal charge transfer：LMCT)遷移，金属か配位子に電子が移動する遷移を金属–配位子電荷移動(metal to ligard charge transfer：MLCT)遷移とよぶ．電荷移動によって大きな電荷の分極が生じるので，光の吸収強度は一般に大きく，電荷移動のある場合には強く着色している．LMCT は金属が高酸化状態にあり配位子が孤立電子対を含むときにみられることがある．最も身近な例である MnO_4^- を例にすると，O の孤立電子対の電子一つが金属の低エネルギーの空の d 軌道に遷移する．MLCT は金属が低酸化状態にあり，配位子が低エネルギーの電子受容軌道を有する場合にみられる．ルテニウムのビビリジン錯体は MLCT 遷移による励起状態の寿命が μ秒オーダーと比較的長く，光照射による酸化還元反応を起こすことができる．色素増感太陽電池の色素に用いられているのはルテニウムのポリピリジン誘導体の錯体である．

　化学組成式からすれば，中心金属原子が通常の配位数を満たしていない場合には，配位子が 2 個の金属原子に配位して重合することによって通常の配位数が保たれている場合がある．たとえば塩化銅 $CuCl_2$(図 6.16)において Cu は Cl がつくる正方形の中心にあり，Cl が 2 個の Cu に配位して架橋して鎖状につながっている．また一つの鎖中の Cl は他の鎖の Cu に配位して，Cu の周囲は歪んだ八面体構造をしている．ハロゲンのほか CN^- は架橋配位をすることができる．Pt^{4+}，Pd^{2+}，Ni^{2+} などのハロゲン化物の固体では平面 4 配位のポリマーをつくる．また直線上の二座の有機配位子と Pd^{2+} からは平面的に正方形の格子が無限に広

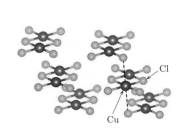

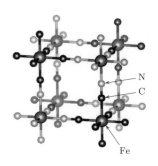

図 6.16　$CuCl_2$ の結晶構造の模式図　　　　図 6.17　$Fe_4[Fe(CN)_6]_3$ の結晶構造の模式図

がった高分子が得られる．さらに二つの配位部分が $120°$ の角度をもって折れ曲がった形状を有する二座の有機配位子(L)と Pd^{2+}(M)からは $M_{12}L_{24}$ という組成の球状錯体が得られる．

　$K_3[Fe(CN)_6]$ と Fe^{2+} との反応，あるいは $K_4[Fe(CN)_6]$ と Fe^{3+} との反応では，それぞれターンブルブルー，プルシアンブルーとよばれる青色沈殿が得られる．これらは何れも $Fe_4[Fe(CN)_6]_3$ という組成式で表せ，図 6.17 のような構造をしている．Fe は CN によって八面体的に配位され，CN は Fe を架橋して 3 次元巨大高分子を形成している．K は立方体の格子中に一つおきに入っている．1990 年代になってこのような配位高分子が多孔質としての性質を示すことが見出され，多孔性配位高分子(porous coordination polymer：PCP)または**有機金属構造体**とよばれ，ガスの貯蔵や分離などの機能をもつ多孔性材料として活発な研究がなされている．Co^{2+}，Ni^{2+}，Cu^{2+}，Zn^{2+} の研究例が多いが，ほとんどすべての金属で多孔性配位高分子を構成することが可能である．架橋性の配位子としてはイミダゾールなど多様な有機配位子を用いることができる．また，ある金属イオンと有機配位子の組合せにおいても調整法によってさまざまな結晶多形が得られるため，PCP のとり得る構造は無数に存在する．

参 考 文 献

[第 2 章]

[1] G. Rayner-Canham, T. Overton 著, 西原 寛, 高木 繁, 森山広思 訳, レイナー キャナム 無機化学, 東京化学同人, **2009**, 5 章.

[2] P. Atkins, T. Overton, J. Rourke, M. Weller, F. Armstrong 著, 田中勝久, 平尾一之, 北川 進 訳, シュライバー・アトキンス 無機化学(上), 東京化学同人, **2008**, 7 章.

[3] 萩野 洋, 飛田博実, 岡崎雅明, 基本無機化学(第 2 版), 東京化学同人, **2006**, 2 章.

[第 3 章]

[1] 日本セラミックス協会編, セラミック工学ハンドブック 第 2 版 [基礎編], 技報堂 出版, **2002**.

[第 4 章]

[1] 友田修司, 基礎量子化学, 東京大学出版会, **2007**.

[第 5 章]

[1] 電気化学便覧(第 6 版), 電気化学会編, 丸善出版, **2013**.

[2] M. Pourbaix, *Atlas of Electrochemical Equilibria in Aqueous Solutions*, 2nd Ed., National Association of Corrosion Engineers, **1974**.

索　引

欧文・数字

東京大学工学教程

著者の現職

上野 耕平（うえの・こうへい）
東京大学生産技術研究所　助教

太田 実雄（おおた・じつお）
元東京大学生産技術研究所

宮山 勝（みややま・まさる）
東京大学名誉教授

小倉 賢（おぐら・まさる）
東京大学生産技術研究所　教授

立間 徹（たつま・てつ）
東京大学生産技術研究所　教授

鈴木 真也（すずき・しんや）
日本サムスン株式会社 Samsung デバイスソリューションズ研究所

東京大学工学教程　基礎系　化学
無機化学Ⅰ：無機化学の基礎

令和 5 年 6 月 30 日　発　行

編　者　東京大学工学教程編纂委員会

著　者　上野　耕平・太田　実雄・宮山　勝・
　　　　小倉　賢・立間　徹・鈴木　真也

発行者　池　田　和　博

発行所　丸善出版株式会社

〒101-0051 東京都千代田区神田神保町二丁目17番
編集：電話 (03) 3512-3261／FAX (03) 3512-3272
営業：電話 (03) 3512-3256／FAX (03) 3512-3270
https://www.maruzen-publishing.co.jp

Ⓒ The University of Tokyo, 2023

組版印刷・製本／三美印刷株式会社

ISBN 978-4-621-30818-9　C 3343　　　　Printed in Japan